电力建设工程质量控制典型不符合项标准条文对照图集

火电分册

《电力建设工程质量控制典型不符合项标准条文对照图集》编委会 编

内 容 提 要

本书为《电力建设工程质量控制典型不符合项标准条文对照图集》(火电分册)。书中汇集了近年来国内新建大中型火力发电工程在全过程质量控制咨询中收集整理的部分典型质量不符合项问题清单，内容主要涵盖土建、锅炉、汽轮机、防腐保温、焊接、电气、热控、调试指标、综合档案等专业领域典型不符合项及标准条文对照，对火电工程建设质量提升具有较强的示范和指导作用。

本书可供有质量提升或创优质工程质量目标的各类火电工程参考，也可供各类型火电工程建设项目建设单位、咨询监理单位质量管理人员用于项目建设全过程质量管控，还可供火电建设施工单位、调试单位、设计单位工程技术人员及质量检验人员开展工程质量控制检测工作时参照。

图书在版编目(CIP)数据

电力建设工程质量控制典型不符合项标准条文对照图集. 火电分册 /《电力建设工程质量控制典型不符合项标准条文对照图集》编委会编. —北京：中国电力出版社，2021.12

ISBN 978-7-5198-6163-6

Ⅰ. ①电… Ⅱ. ①电… Ⅲ. ①火电厂—电力工程—工程质量—质量控制—标准—中国—图集 Ⅳ. ①TM7-65

中国版本图书馆 CIP 数据核字（2021）第 226566 号

出版发行：中国电力出版社
地　　址：北京市东城区北京站西街 19 号
邮政编码：100005
网　　址：http://www.cepp.sgcc.com.cn
责任编辑：曹　慧（010-63412332）
责任校对：黄　蓓　王小鹏
装帧设计：张俊霞
责任印制：钱兴根

印　　刷：三河市航远印刷有限公司
版　　次：2021 年 12 月第一版
印　　次：2021 年 12 月北京第一次印刷
开　　本：850 毫米 ×1168 毫米　横 32 开本
印　　张：9.25
字　　数：233 千字
定　　价：58.00 元

编 委 会

主编单位　湖南海淦迪工程咨询有限公司

参编单位　华能秦煤瑞金发电有限责任公司（2×1000MW 工程）

　　　　　大唐东营发电有限责任公司（2×1000MW 工程）

　　　　　广东大唐国际雷州发电有限责任公司（2×1000MW 工程）

主　　编　李鹏庆

副 主 编　李海滨　李润林　张元生　王　体

编　　委　付小东　王文祥　郭志健　吕海涛　李　帅　沈铭曾

　　　　　廖光洪　龙庆芝　楼海英　谭玉章　崔建山　张建忠

　　　　　徐　龙　郭　通　李大才　李立东　孙智斌　赵　军

　　　　　贾立群　李　俊　许春辉

前　言

21 世纪以来，我国电力建设在电力体制改革和超常规发展中，工程质量始终保持稳步提升，主要得益于电力行业始终坚持达标投产和工程建设全过程质量控制。当前，我国经济已由高速增长阶段转向高质量发展阶段。电力建设工程质量在行业协会和专家团队的大力促进和引领下，整体质量得到明显提升。现应部分有创优质工程奖质量目标的项目要求，首次收集了近年来电力建设工程质量咨询检查中发现的典型不符合项，经整理汇编，形成《电力建设工程质量控制典型不符合项标准条文对照图集》系列丛书，供同类型工程全过程质量控制参考。

《电力建设工程质量控制典型不符合项标准条文对照图集》为目前我国首套标准条文使用指导类图书，是标准真正指导生产实践的一次有益探索。全套书共分火电，风电、光伏（热），输变电以及水电 4 个分册，各分册将陆续出版。图集中内容来自各领域专家常年在多个工程项目咨询中发现的一些尚未完全消除的典型质量通病，不符合事实图片真实、清晰，关键部位有明显标识，对照标准表述准确，所有不符合项均不涉及任何具体工程项目，可供相关单位管理及技术人员参考借鉴。

本书为《电力建设工程质量控制典型不符合项标准条文对照图集》（火电分册）。书中汇集了近年来国内新建大中型火力发电工程在全过程质量控制咨询中收集整理的部分典型质量不符合项问题清单，涉及 60 余个火电专业相关国家、行业标准（规范），内容主要涵盖土建、锅炉、汽轮机、防腐保温、焊接、电气、热控、调试指标、综合档案等专业领域典型不符合项及标准条文对照，对火电工程建设质量提升具有较强的示范和指导作用。

本书的成稿得益于众多行业专家的大力支持和帮助，在此谨对各位专家表示衷心的感谢！同时，限于编者水平，书中不足之处在所难免，敬请广大读者和专家批评指正。

编　者

2021 年 12 月

目　录

I　土建篇

第一章 安 全 问 题

挑平台的支模架受力杆偏心受力，不符合 JGJ 162—2008《建筑施工模板安全技术规范》第 5.1.7 条“承重支架柱，其荷载应直接作用与立杆的轴线上严禁受偏心荷载”的规定。

落地窗缺护栏，不符合 JGJ 113—2015《建筑玻璃应用技术规程》第 7.3.1 条“安装在易于受到人体或物体碰撞部位的建筑玻璃，应采取保护措施”和第 7.3.2 条“根据易发生碰撞的建筑玻璃所处的具体部位，可采取在视线高度设醒目标志或设置护栏等防碰撞措施”的规定。

安全警示标志布置在门扇上、安全警示标志的排列顺序不符合 GB 2894—2008《安全标志及其使用导则》第 9.2 条“标志牌不应设在门、窗、架等可移动的物体上，以免标志牌随母体物体相应移动，影响认读”和第 9.5 条“多个标志牌在一起设置时，应按警告、禁止、指令、提示类型的顺序，先左后右、先上后下地排列”的规定。

平台缺挡水坎（踢脚板），不符合 GB 50352—2019《民用建筑设计统一标准》第 6.7.3 条“公共场所栏杆离地面 0.1m 高度范围内不宜留空”的规定。

栏杆高度小于 1.05m，不符合 GB 50352—2019《民用建筑设计统一标准》第 6.7.3 条“当临空高度在 24.0m 以下时，栏杆高度不应低于 1.05m”的规定。

第二章 结 构 工 程

钢筋端头未用钢筋切断机切平，不符合 JGJ 107—2016《钢筋机械连接技术规程》第 6.2.1 条“钢筋端部应采用带锯、砂轮锯或带圆弧形刀片的专用钢筋切断机切平”的规定。

箍筋弯钩平直段长度不足箍筋直径的 10 倍，不符合 GB 50204—2015《混凝土结构工程施工质量验收规范》第 5.3.3 条“对于一般结构件，箍筋弯钩弯折后平直段长度不应小于箍筋直径的 5 倍”的规定。

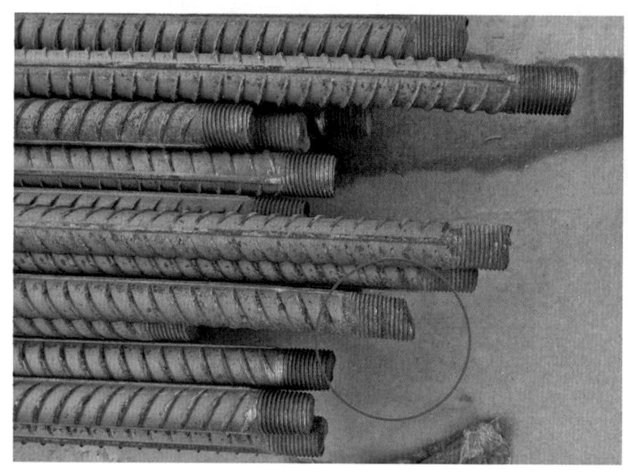

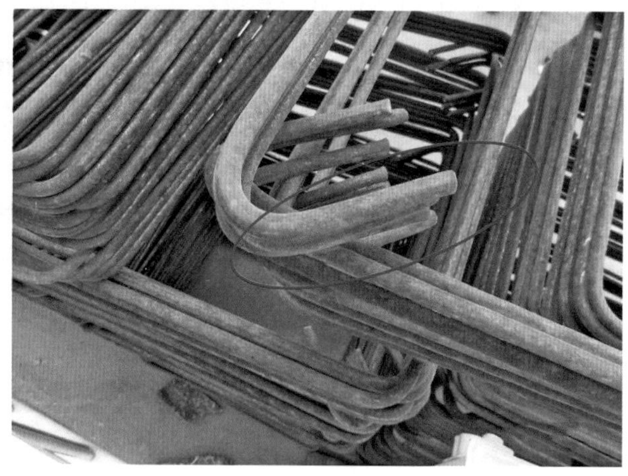

柱主筋上随意进行点焊，且焊点无压入深度，不符合 GB 50666—2011《混凝土结构工程施工规范》第 5.4.10 条“钢筋安装过程中，因施工操作需要而对钢筋进行焊接时，应符合现行行业标准《钢筋焊接及验收规程》JGJ 18 的有关规定”的规定，不符合 JGJ 18—2012《钢筋焊接及验收规程》第 4.2.5 条“焊点的压入深度应为较小钢筋直径的 18%~25%”的规定。

梁底主筋无绑扎，主筋位置不正确，不符合 GB 50204—2015《混凝土结构工程施工质量验收规范》第 5.5.2 条“钢筋应安装牢固。受力钢筋的安装位置、锚固方式应符合设计要求”的规定。

混凝土板墙裂缝造成渗漏，不符合 GB 50204—2015《混凝土结构工程施工质量验收规范》第 8.1.2 条“严重缺陷：构件主要受力部位有影响结构性能或使用功能的裂缝”和第 8.2.1 条“现浇结构的外观质量不应有严重缺陷”的规定。

混凝土池壁裂缝造成渗漏，不符合 GB 50204—2015《混凝土结构工程施工质量验收规范》第 8.1.2 条“严重缺陷：构件主要受力部位有影响结构性能或使用功能的裂缝”和第 8.2.1 条“现浇结构的外观质量不应有严重缺陷”的规定。

冷却塔有渗漏痕迹，不符合 GB 50573—2010《双曲线冷却塔施工与质量验收规范》附录 E 表 E.0.1-4 中“筒壁无渗漏点”的规定。

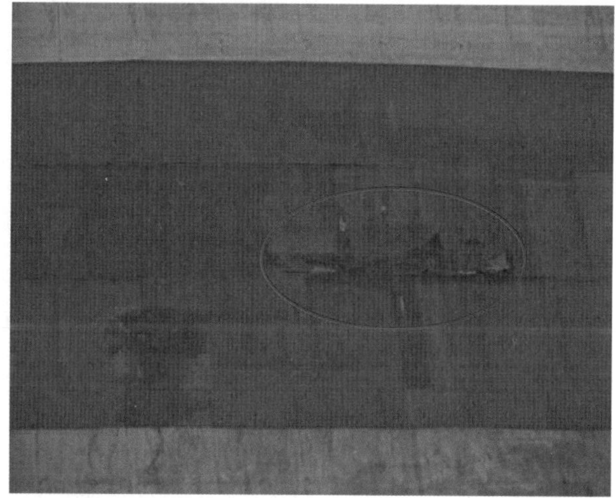

混凝土柱上口疏松，不符合 GB 50204—2015《混凝土结构工程施工质量验收规范》第 8.1.2 条“严重缺陷：构件主要受力部位有疏松”和第 8.2.1 条“现浇结构的外观质量不应有严重缺陷”的规定。

混凝土结构露筋，不符合 GB 50204—2015《混凝土结构工程施工质量验收规范》第 8.1.2 条“严重缺陷：大量钢筋有露筋”和第 8.2.1 条“现浇结构的外观质量不应有严重缺陷”的规定。

柱施工缝接口处上下偏差严重，不符合 GB 50204—2015《混凝土结构工程施工质量验收规范》第8.3.2 条“柱轴线位置允许偏差不大于 8mm”的规定。

清水混凝土存在色差，不符合 JGJ 169—2009《清水混凝土应用技术规程》第 11.3.1 条“混凝土外观颜色基本一致，无明显色差”的规定。

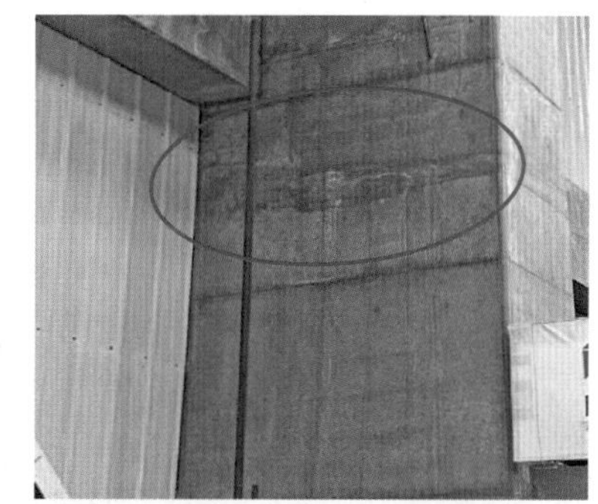

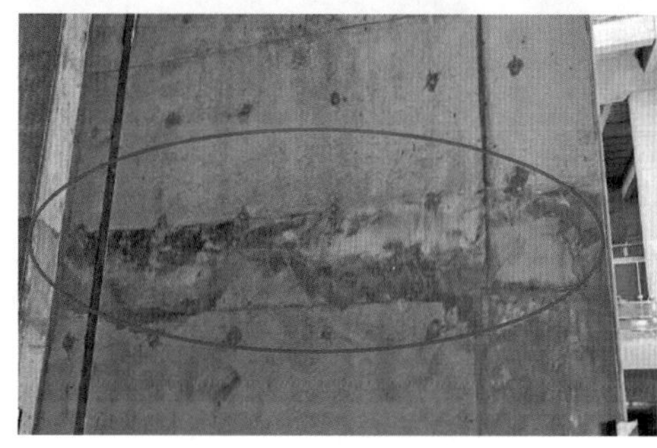

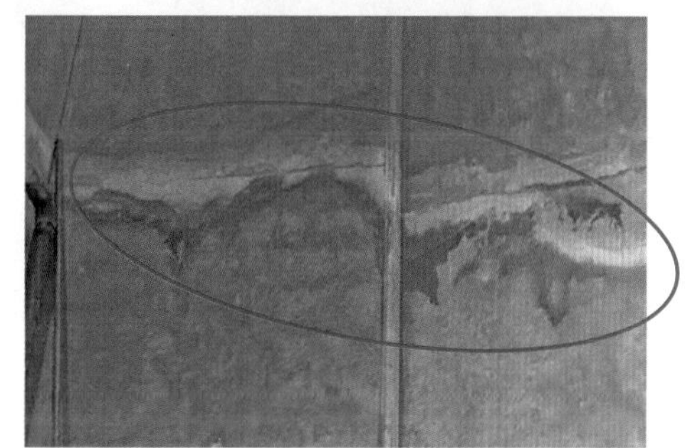

埋件与混凝土表面不平整，不符合 DL/T 5210.1—2021《电力建设施工质量验收规程　第 1 部分：土建工程》附录 B 表 B.0.3 中“与混凝土面的平整偏差≤ 5mm”的规定。

沉降观测点被设备遮挡，缺保护、标识，不符合 JGJ 8—2016《建筑变形测量规范》第 7.1.3 条“2　标志应避开有碍设标与观测的障碍物。3　标志应美观，易于保护。”的规定。

被遮挡

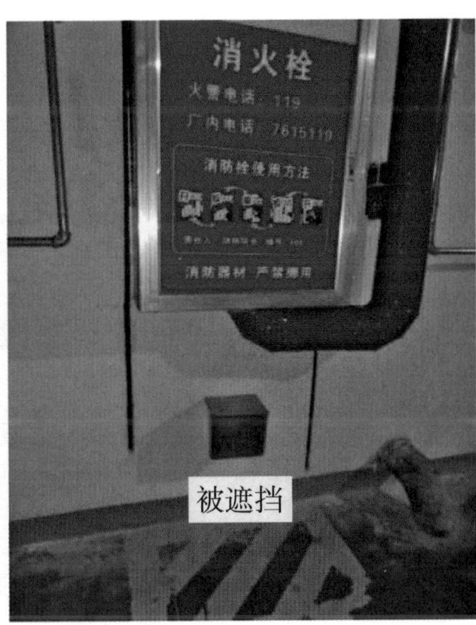

被遮挡

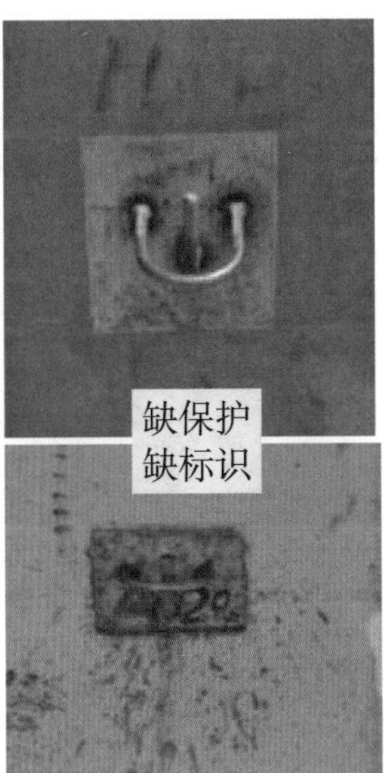
缺保护
缺标识

钢结构返锈严重，不符合 GB 50205—2020《钢结构工程施工质量验收标准》第 13.3.5 条“钢结构工程连接焊缝、紧固件及其连接点，以及施工过程中构件涂层被损伤的部位，涂装或修补后的涂层外观质量应满足设计要求并符合本标准要求”的规定。

焊缝间隙过大，衬钢筋、缺垫板，不符合 GB 50205—2020《钢结构工程施工质量验收标准》第 8.3.3 条“缝隙允许偏差不大于 1.5mm”的规定。

扭剪型高强螺栓梅花头未拧断且无检查标识，不符合 GB 50205—2020《钢结构工程施工质量验收标准》第 6.3.4 条“对于扭剪型高强度螺栓连接副，除因构造原因无法使用专用扳手拧掉梅花头者外，螺栓尾部梅花头拧断为终拧。未在终拧中拧掉的梅花头螺栓数不应大于该节点螺栓数的 5%，对所有梅花头未拧掉的，采用扭矩法或转角法进行终拧并做好标记”的规定。

高强螺栓孔扩孔直径超过 1.2d，扩孔方法不符合 GB 50205—2020《钢结构工程施工质量验收标准》第 6.3.8 条“高强度螺栓应能自由穿入螺栓孔，当不能自由穿入时，应用铰刀修正。修孔数量不应超过该节点螺栓数量的 25%，扩孔后的孔径不应超过 1.2d（d 为螺栓直径）”的规定。

钢立柱接头顶紧接触面面积小于 70%（主控项），不符合 GB 50205—2020《钢结构工程施工质量验收标准》第 10.3.2 条“设计要求顶紧的构件或节点、钢柱现场拼接接头接触面不应少于 70% 密贴，且边缘最大间隙不应大于 0.8mm”的规定。

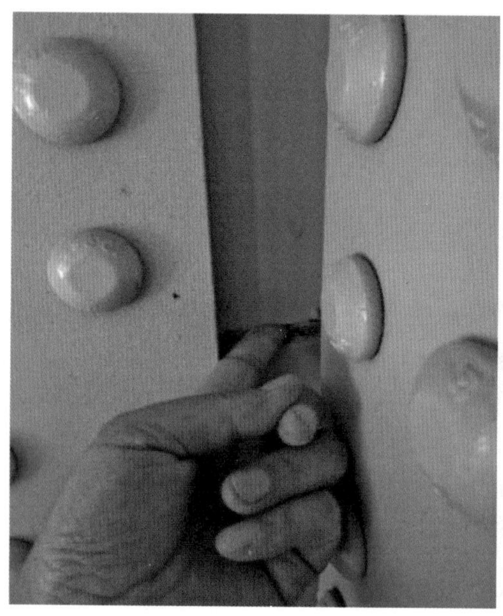

厚涂型防火涂料脱层，不符合 GB 50205—2020《钢结构工程施工质量验收标准》第 13.4.6 条“防火涂料不应有误涂、漏涂，涂层应闭合，无脱层、空鼓、明显凹陷、粉化松散和浮浆、乳突等缺陷”的规定。

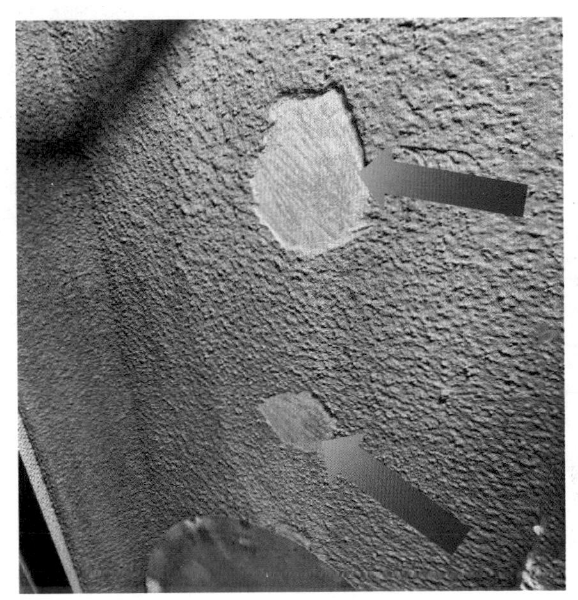

主厂房等建筑围护结构镀锌檩条采用焊接，不符合 DL 5190.1—2012《电力建设施工技术规范　第1部分：土建结构工程》第 10.4.9 条“镀锌檩条应采用螺栓连接”的规定。

直爬梯在平台处段梯未交错设置、梯段未过平台，不符合 GB 4053.1—2009《固定式钢梯及平台安全要求　第 1 部分：钢直梯》第 5.3.3 条“当护笼用于多段梯时，每个梯段应与相邻的梯段水平交错并有足够的间距（见图 2），设有适当空间的安全进、出引导平台，以保护使用者的安全”的要求。

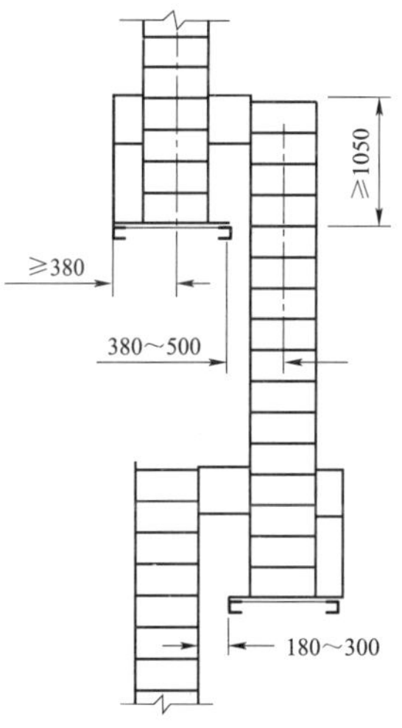

图 2　梯段交错设置示意图

直爬梯制作和安装不符合 GB 4053.1—2009《固定式钢梯及平台安全要求　第 1 部分：钢直梯》的规定：

1）缺接地，不符合第 4.6 条“在室外安装的钢直爬梯和连接部分的雷电保护，连接和接地附件应符合 GB 50057 的要求”的规定。

2）第一级踏棍高度大于 450mm，不符合第 5.5.1 条“梯子下端的第一级踏棍距基准面距离应不大于 450mm”的规定。

3）护笼水平笼箍、立杆材料小于 40mm × 5mm 的扁钢，且水平笼箍未固定到梯梁上，不符合第 5.7.2 条“水平笼箍采用不小于 50mm × 6mm 的扁钢，立杆采用不小于 40mm × 5mm 的扁钢，水平笼箍应固定到梯梁上”的规定。

护笼底部距梯段基准面高度小于2100mm，不符合GB 4053.1—2009《固定式钢梯及平台安全要求　第1部分：钢直梯》第5.7.6条“护笼底部距梯段基准面应不小于2100mm，不大于3000mm”的要求。

填充墙顶部斜砌砖未用砂浆砌筑，不符合 GB 50203—2011《砌体结构工程施工质量验收规范》第 9.3.2 条“填满砂浆，不得有透明缝、瞎缝、假缝”的规定。

砌体与混凝土柱交接处缺钢丝网片，不符合 GB 50210—2018《建筑装饰装修工程质量验收标准》第 4.4.3 条“不同材料基体交接处表面的抹灰，应采用防止开裂的加强措施，当采用加强网时，加强网与各基体的搭接宽度不应小于 100mm”的规定。

后锚固拉结筋采用圆钢，不符合 JGJ 145—2013《混凝土结构后锚固技术规程》第 3.4.1 条“用于植筋的钢筋应使用热轧带肋钢筋或全螺纹螺杆，不得使用光圆钢筋和锚入部位无螺纹的螺杆”的规定。

大于 2100mm 的门洞两侧未采用钢筋混凝土门框，不符合 GB 50003—2011《砌体结构设计规范》6.3.4 条“当填充墙有宽度大于 2100mm 的洞口时，洞口两侧应加设宽度不小于 50mm 的单筋混凝土柱”的规定。

墙面孔洞大于300mm无过梁，不符合GB 50203—2011《砌体结构工程施工质量验收规范》第3.0.11条“设计要求的洞口、沟槽、管道应于砌筑时正确留出或预埋，未经设计同意，不得打凿墙体和在墙体上开凿水平沟槽。宽度超过300mm的洞口上部，应设置钢筋混凝土过梁”的规定。

洞口补砌砂浆不饱满，不符合 GB 50924—2014《砌体结构工程施工规范》第 3.3.14 条“当临时施工洞口补砌时，块材及砂浆的强度不应低于砌体材料强度；脚手眼应采用相同块材填塞，且应灰缝饱满”的规定。

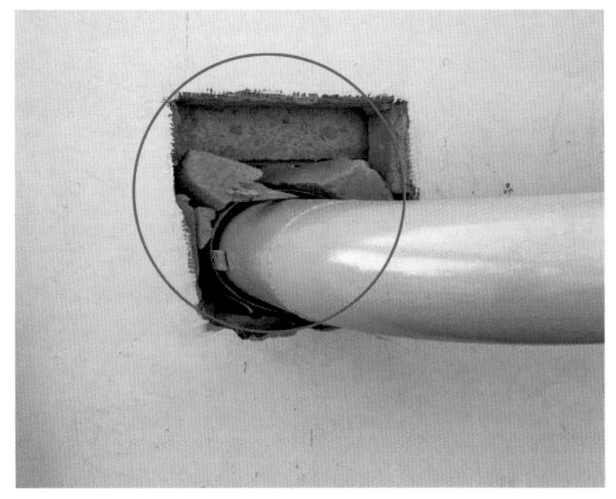

第三章　建筑装饰装修工程

散水未设置伸、缩缝，与建筑物间变形缝未填嵌柔性密封材料，不符合 GB 50209—2010《建筑地面工程施工质量验收规范》第 3.0.15 条“水泥混凝土散水、明沟应设置伸、缩缝，其延长米间距不得大于 10m，对日晒强烈且昼夜温差超过 15℃的地区，其延长米间距宜为 4m ~ 6m。水泥混凝土散水、明沟和台阶等与建筑物连接处及房屋转角处应设缝处理。上述缝的宽度应为 15mm ~ 20mm，缝内应填嵌柔性密封材料”的规定。

厂房地坪开裂，不符合 GB 50209—2010《建筑地面工程施工质量验收规范》第 5.2.7 条“面层表面应洁净，不应有裂纹、脱皮、麻面、起砂等缺陷”的规定。

外墙面抹灰存在大量裂缝，不符合 GB 50210—2018《建筑装饰装修工程质量验收标准》第 4.2.4 条“抹灰层与基层之间及各抹灰层之间应黏结牢固，抹灰层应无脱层和空鼓，面层应无爆灰和裂缝”的规定。

顶棚抹灰剥落严重，不符合 GB 50210—2018《建筑装饰装修工程质量验收标准》第 4.2.4 条“抹灰层与基层之间及各抹灰层之间应黏结牢固，抹灰层应无脱层和空鼓，面层应无爆灰和裂缝”的规定。

顶棚涂料掉粉，不符合 GB 50210—2018《建筑装饰装修工程质量验收标准》第 12.2.3 条“涂料涂饰工程应涂饰均匀，黏结牢固，不得漏涂、透底、开裂、起皮和掉粉”的规定。

窗台渗水、涂料掉粉，不符合 GB 50210—2018《建筑装饰装修工程质量验收标准》第 12.2.3 条“涂料涂饰工程应涂饰均匀，黏结牢固，不得漏涂、透底、开裂、起皮和掉粉”的规定。

墙面裂纹造成渗漏，不符合 GB 50210—2018《建筑装饰装修工程质量验收标准》第 4.2.4 条“抹灰层与基层之间及各抹灰层之间应黏结牢固，抹灰层应无脱层和空鼓，面层应无爆灰和裂缝”的规定。

室内墙面产生裂纹，不符合 GB 50210—2018《建筑装饰装修工程质量验收标准》第 4.2.4 条“抹灰层与基层之间及各抹灰层之间应黏结牢固，抹灰层应无脱层和空鼓，面层应无爆灰和裂缝”的规定。

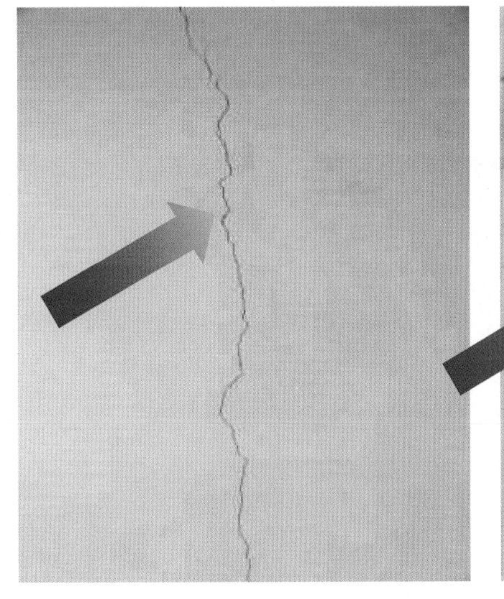

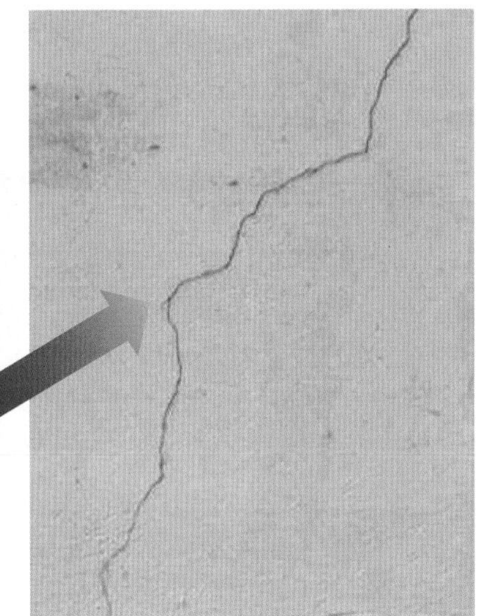

地面、吊顶在结构变形缝处不能满足变形要求，不符合 DL/T 5738—2016《电力建设工程变形缝施工技术规范》第 9.1.2 条“变形缝饰面层变形能力应满足建筑物伸缩、沉降变形”的规定。

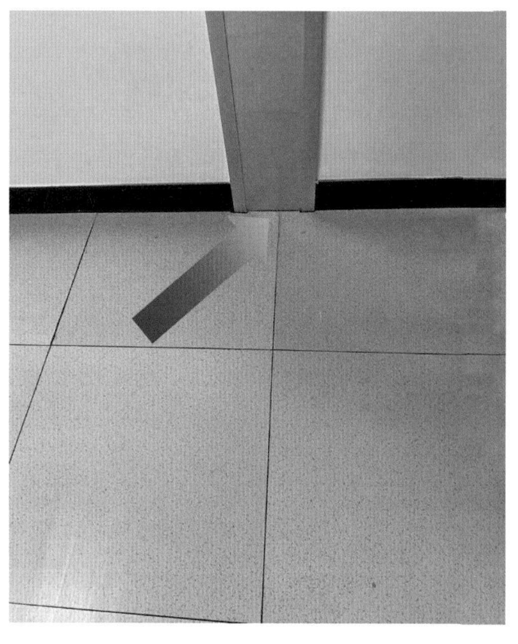

有排水要求的部位未做滴水线（槽），不符合 GB 50210—2018《建筑装饰装修工程质量验收标准》第 4.2.9 条“有排水要求的部位应做滴水线（槽），滴水线（槽）应整齐顺直，滴水线应内高外低，滴水槽的宽度和深度应满足设计要求，且均不应小于 10mm”的规定。

推拉窗缺防撞、防跌落装置，不符合 GB 50210—2018《建筑装饰装修工程质量验收标准》第 6.1.12 条“推拉门窗必须牢固，必须安装防脱落装置”的规定。

窗框与洞口之间密封不严密，发泡剂成型后被切割，不符合 GB 50210—2018《建筑装饰装修工程质量验收标准》第 6.4.4 条“窗框与洞口之间的伸缩缝内应采用聚氨酯发泡胶填充，发泡胶填充应均匀、密实。发泡胶成型后不宜切割。表面应采用密封胶密封”的规定。

大门与地面之间间隙超过 8mm，不符合 GB 50210—2018《建筑装饰装修工程质量验收标准》第 6.3.10 条“无下框时门扇与地面间留缝限值不大于 8mm”的规定。

防火门门框未充填水泥砂浆，不符合 GB 50877—2014《防火卷帘、防火门、防火窗施工及验收规范》第 5.3.8 条“钢质防火门门框内应充填水泥砂浆”的规定。

防火门缺闭门器、双扇防火门缺闭门顺序器，不符合 GB 50877—2014《防火卷帘、防火门、防火窗施工及收规范》第 5.3.2 条“常用防火门应安装闭门器等，双扇和多扇防火门应安装顺序器”的规定。

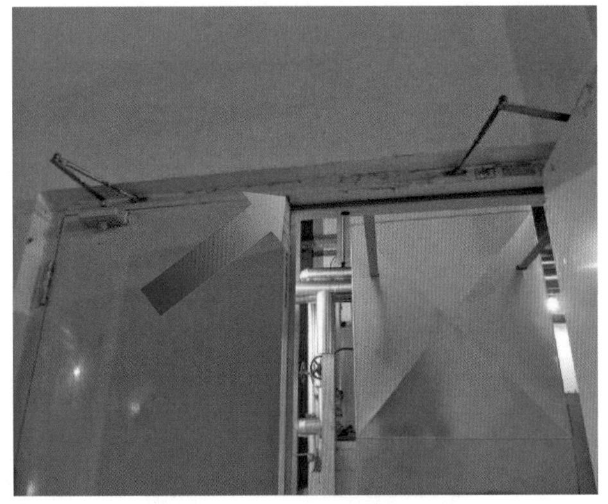

第四章　屋　面　工　程

屋面渗漏，不符合 GB 50207—2012《屋面工程质量验收规范》第 3.0.12 条“屋面防水工程完工后，应进行观感质量检查和雨后观察或淋水、蓄水试验，不得有渗漏和积水现象”的规定。

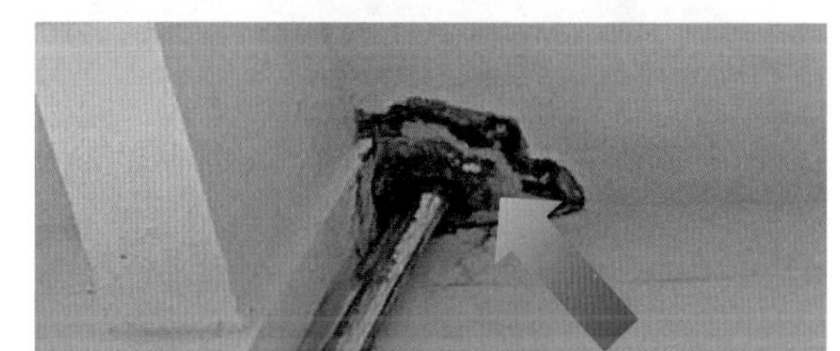

女儿墙渗漏，不符合 GB 50207—2012《屋面工程质量验收规范》第 3.0.12 条“屋面防水工程完工后，应进行观感质量检查和雨后观察或淋水、蓄水试验，不得有渗漏和积水现象”的规定。

屋面积水，不符合 GB 50207—2012《屋面工程质量验收规范》第 3.0.12 条“屋面防水工程完工后，应进行观感质量检查和雨后观察或淋水、蓄水试验，不得有渗漏和积水现象”的规定。

屋面细石混凝土保护层开裂，不符合 GB 50207—2012《屋面工程质量验收规范》第 4.5.10 条“水泥砂浆、细石混凝土保护层不得有裂纹、脱皮、麻面和起砂等现象”的规定。

屋面细石混凝土保护层与设备基础未设缝、开裂，不符合 GB 50207—2012《屋面工程质量验收规范》第 4.5.10 条“水泥砂浆、细石混凝土保护层不得有裂纹、脱皮、麻面和起砂等现象”的规定。

屋面卷材的搭接缝黏结不牢固、已脱落，不符合 GB 50207—2012《屋面工程质量验收规范》第 6.2.13 条“卷材的搭接缝应黏结或焊接牢固，密封应严密，不得扭曲、皱折和翘边”的规定。

屋面防水层泛水高度不足250mm，泛水高度及细部处理不符合GB 50345—2012《屋面工程技术规范》第4.11.14条“3　卷材收头应用金属压条钉压固定，并用密封材料封严；4　高女儿墙泛水处的泛水高度不应小于250mm”的规定。

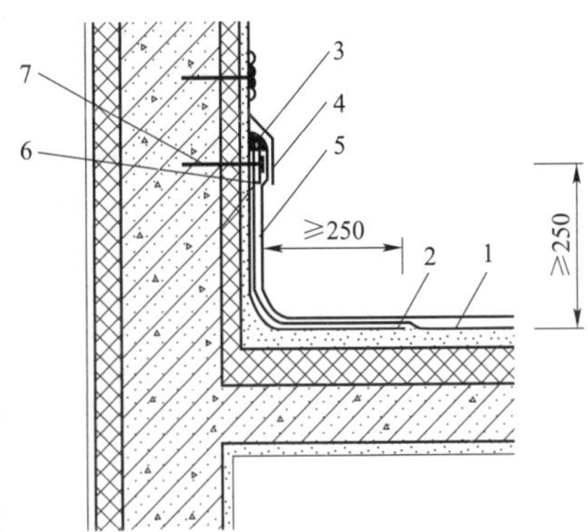

图 4.11.14-2　高女儿墙

1—防水层；2—附加层；3—密封材料；

4—金属盖板；5—保护层；

6—金属压条；7—水泥钉

屋面排气管防水附加层高度不足，细部处理不符合 GB 50345—2012《屋面工程技术规范》第 4.11.19 条“3 管道泛水处的防水层泛水高度不应小于 250mm；4 卷材收头应用金属箍紧固和密封材料封严”的规定。

屋面钢支撑防水附加层高度不足，细部处理不符合 GB 50345—2012《屋面工程技术规范》第 4.11.19 条“3　管道泛水处的防水层泛水高度不应小于 250mm；4　卷材收头应用金属箍紧固和密封材料封严”的规定。

屋面排汽孔位置未设置在排汽通道处，不符合 GB 50345—2012《屋面工程技术规范》第 4.4.5 条“1 找平层设置的分格缝可兼作排汽道，排汽道的宽度为 40mm；2 排汽道应纵横贯通，并应与大气连通的排汽孔相通，排汽孔可设在檐口下或纵横排汽道的交叉处”的规定。

屋面细石混凝土分格缝设置在屋脊，不符合 GB 50207—2012《屋面工程质量验收规范》第 8.11.1 条“屋脊的防水构造应符合设计要求”和第 8.11.2 条“屋脊处不得有渗漏现象”的规定。

保护层与女儿墙、山墙间未预留 30mm 的缝隙，不符合 GB 50207—2012《屋面工程质量验收规范》第 4.5.5 条“块体材料、水泥砂浆或细石混凝土保护层与女儿墙和山墙之间，应预留宽度为 30mm 的缝隙，缝内宜填塞聚苯乙烯泡沫塑料，并应用密封材料嵌填密实”的规定。

第五章　建筑设备安装工程

插座相位不正确、缺地线，不符合 GB 50303—2015《建筑电气工程施工质量验收规范》第 20.1.3 条“单相三孔、三相四孔及三相五孔插座的保护接地导体（PE）应接在上孔”的规定。

穿楼面管道未设置防水套管、封堵不满足要求，不符合 GB 50242—2002《建筑给水排水及采暖工程施工质量验收规范》第 3.3.13 条“管道穿过墙壁和楼板，应设置金属或塑料套管”的规定。

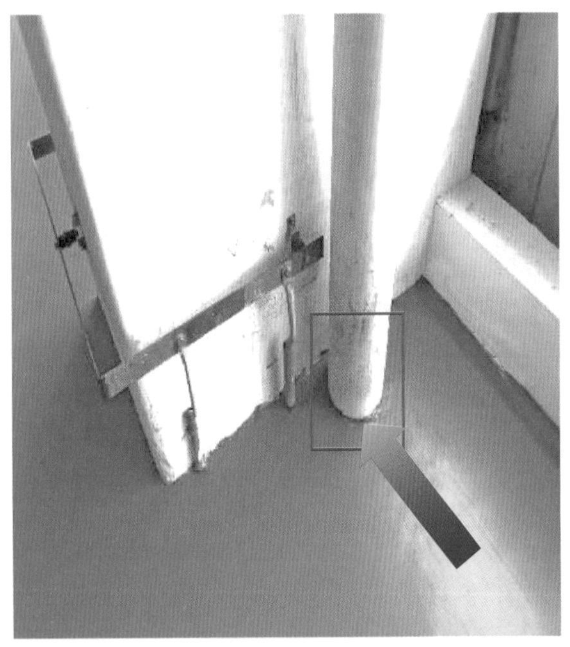

消火栓栓口位置在门轴处、栓口中心距地面标高大于 1.1m，不符合 GB 50242—2002《建筑给水排水及采暖工程施工质量验收规范》第 4.3.3 条“1　栓口应朝外，并不应安装在门轴侧。2　栓口中心距地面为 1.1m，允许偏差 ±20mm”的规定。

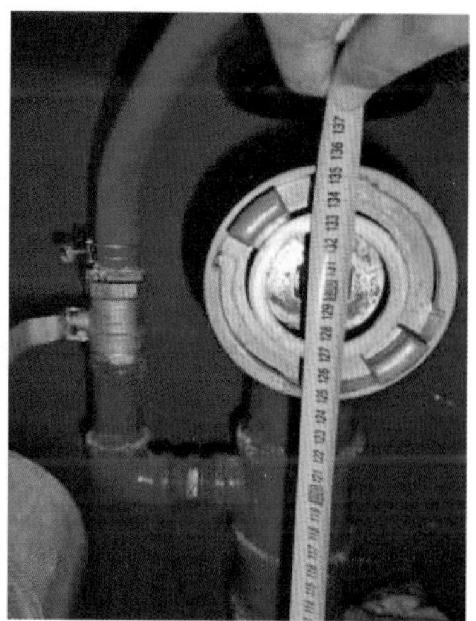

排水管无存水弯，不符合 GB 50015—2019《建筑给水排水设计规范》第 4.3.10 条“下列设施与生活污水管道或其他可能产生有害气体的排水管道连接时，必须在排水口以下设存水弯：1　构造内无存水弯的卫生器具或无水封的地漏”的规定。

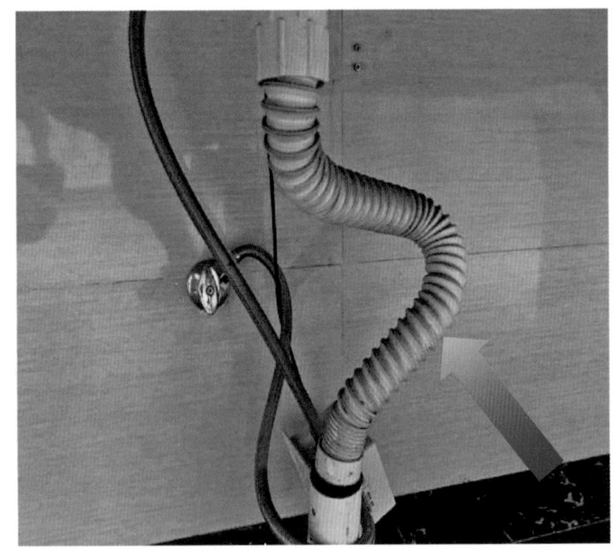

上人屋面排水通气管高度低于 2m，不符合 GB 50242—2002《建筑给水排水及采暖工程施工质量验收规范》第 5.2.10 条“在经常有人停留的平屋顶上，通气管应高出屋面 2m”的规定。

消防管道油漆脱皮严重，不符合 GB 50242—2002《建筑给水排水及采暖工程施工质量验收规范》第 9.2.9 条“管道和金属支架的涂漆应附着良好，无脱皮、起泡和漏涂等缺陷”的规定。

烟感探测器距出风口的距离小于 1.5m，不符合 GB 50166—2019《火灾自动报警系统施工及验收标准》第 3.3.6 条“探测器至空调送风口最近边的水平距离不应小于 1.5m，至多孔送风顶棚孔口的水平距离不应小于 0.5m”的规定。

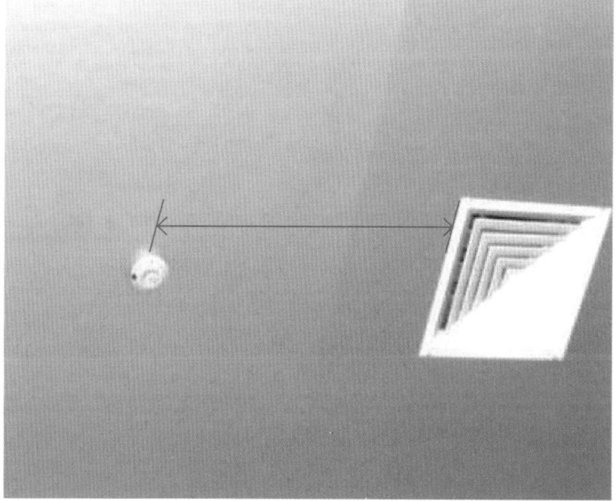

蓄电池室吸风口朝向错误，至顶棚平面的距离大于 0.1m，不符合 GB 50019—2015《工业建筑供暖通风与空气调节设计规范》第 6.3.10 条“排除氢气与空气混合物时，建筑物全面排风系统室内吸风口的布置应符合下列规定：吸风口上缘至顶棚平面或屋顶的距离不应大于 0.1m”的规定。

蓄电池室吸风口至顶棚平面的距离大于 0.1m，不符合 GB 50019—2015《工业建筑供暖通风与空气调节设计规范》第 6.3.10 条“排除氢气与空气混合物时，建筑物全面排风系统室内吸风口的布置应符合下列规定：吸风口上缘至顶棚平面或屋顶的距离不应大于 0.1m”的规定。

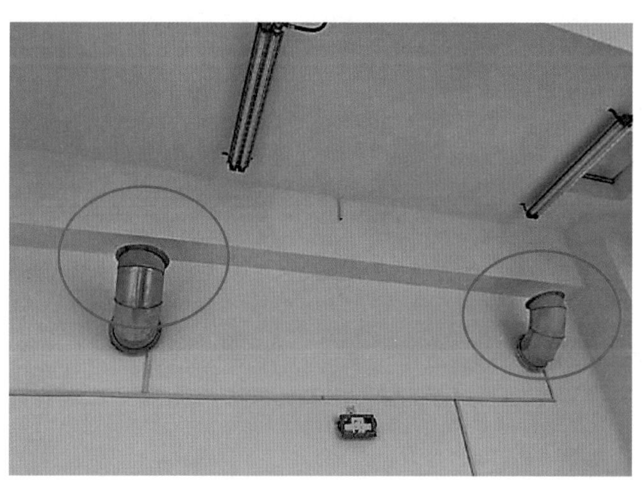

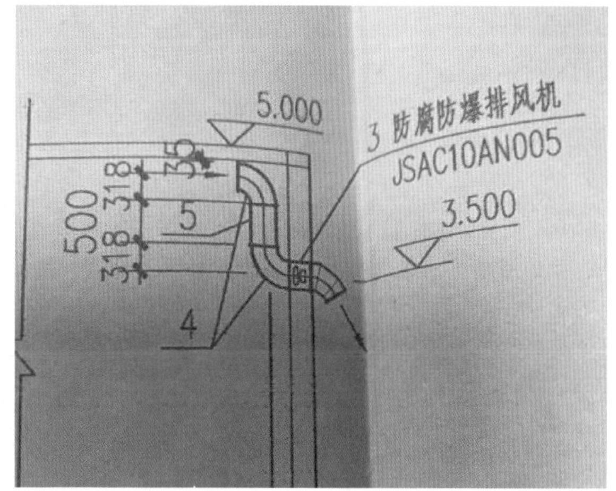

轴流风机未安装防护网，不符合 GB 50243—2016《通风与空调工程施工质量验收规范》第 7.2.2 条“通风机传动装置的外露部位以及直通大气的进、出风口必须装设防护罩、防护网或采取其他安全防护措施”的规定。

防火阀安装位置离墙间距大于 200mm、未独立设置支吊架，不符合 GB 50243—2016《通风与空调工程施工质量验收规范》第 6.2.7 条“防火阀、排烟阀安装的位置、方向应正确。位于防火分区隔墙两侧的防火阀，距墙表面不应大于 200mm”和第 6.3.8 条“直径或边长尺寸大于或等于 630mm 的防火阀，应设独立支、吊架”的规定。

柔性短管直接与墙面连接，缺喇叭口，不符合设计图纸要求。

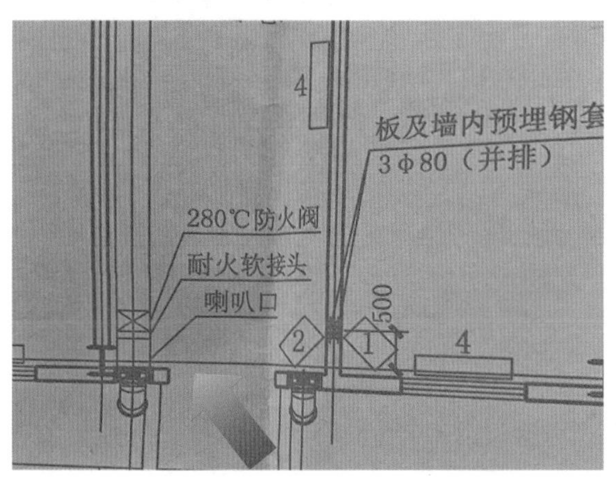

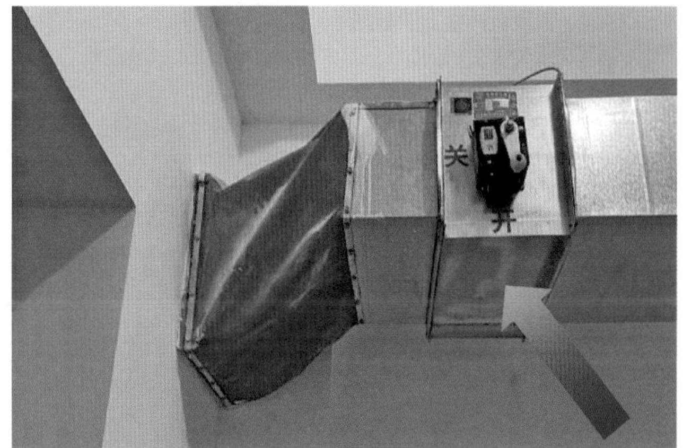

风管软管长度太长、大于250mm，不居中，不符合GB 50243—2016《通风与空调工程施工质量验收规范》第5.3.7条“4 柔性短管的长度宜为150mm～250mm，接缝的缝制或黏结应牢固、可靠，不应有开裂；成型短管应平整，无扭曲等现象”的规定。

II　锅炉篇

第一章 金 属 结 构

锅炉吊装后未及时形成稳定结构，不符合规范 DL 5190.2—2019《电力建设施工技术规范 第 2 部分：锅炉机组》第 4.3.6 条“锅炉钢结构吊装应保证结构稳定，必要时应临时加固”的规定，多个单片立柱长期竖立，未及时形成稳定框架，容易造成倾覆事故。

上层锅炉钢结构横梁与立柱的主节点尚未完成初拧或终拧，顶板梁就已经吊装就位，严重违反 DL 5190.2—2019《电力建设施工技术规范　第 2 部分：锅炉机组》第 4.3.4 条“分段安装的锅炉钢结构应安装一层，找正一层，不得在未找正好的构架上进行上一层的安装工作”的规定。

锅炉钢架部分节点扭剪型高强度螺栓梅花头非结构原因未拧断且无标识，不符合 DL 5190.2—2019《电力建设施工技术规范　第 2 部分：锅炉机组》第 4.3.10 条“对所有梅花头未拧掉的扭剪型高强度螺栓连接副，应采用扭矩法或转角法进行终拧并做标记”的规定。

钢结构立柱顶紧间隙超标，不符合锅炉厂《钢结构说明书》的要求和 GB 50205—2020《钢结构工程施工质量验收标准》第 10.3.2 条“设计要求顶紧的构件或节点、钢柱现场拼接接头接触面不应少于 70% 密贴，且边缘最大间隙不应大于 0.8mm”的规定。

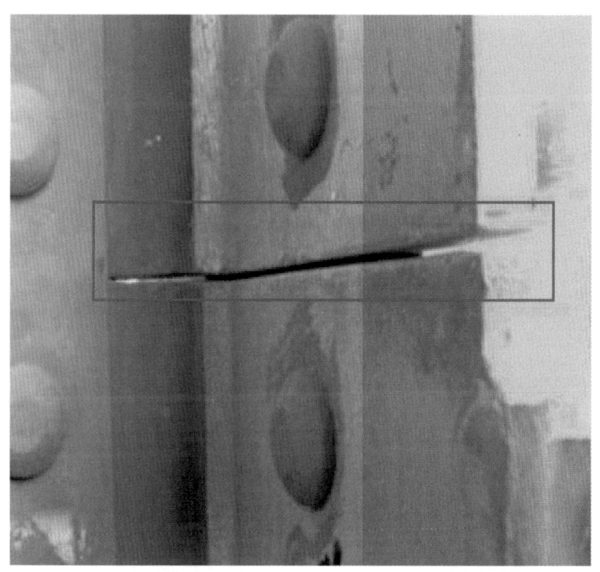

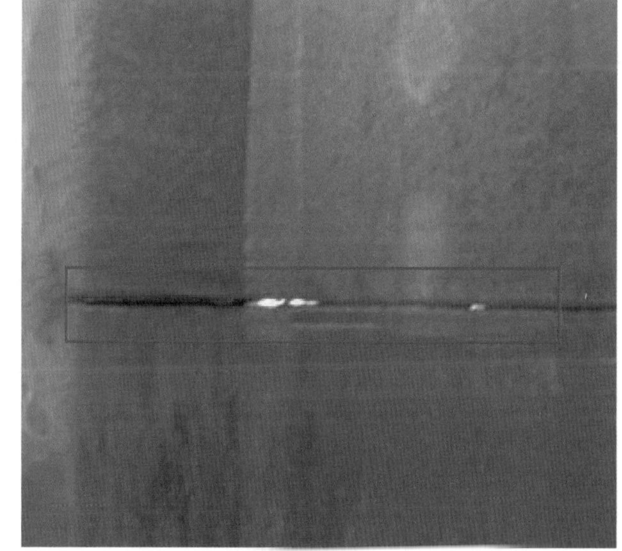

锅炉钢架安装与各层平台扶梯安装严重不同步，不符合 DL 5190.2—2019《电力建设施工技术规范　第 2 部分：锅炉机组》第 4.3.16 条“平台、梯子、格栅应与锅炉钢结构同步安装，采用焊接连接的应及时焊牢”的规定。临时安全围栏不规范，存在安全隐患。

锅炉平台栏杆立柱未及时焊牢，为点焊状态，不符合 DL 5190.2—2019《电力建设施工技术规范 第 2 部分：锅炉机组》第 4.3.16 条“平台、梯子、格栅应与锅炉钢结构同步安装，采用焊接连接的应及时焊牢”，以及 GB 4053.3—2009《固定式钢梯及平台安全要求 第 3 部分：工业防护栏杆及钢平台》第 4.5.1 条“防护栏杆与钢平台应采用焊接连接”的规定。

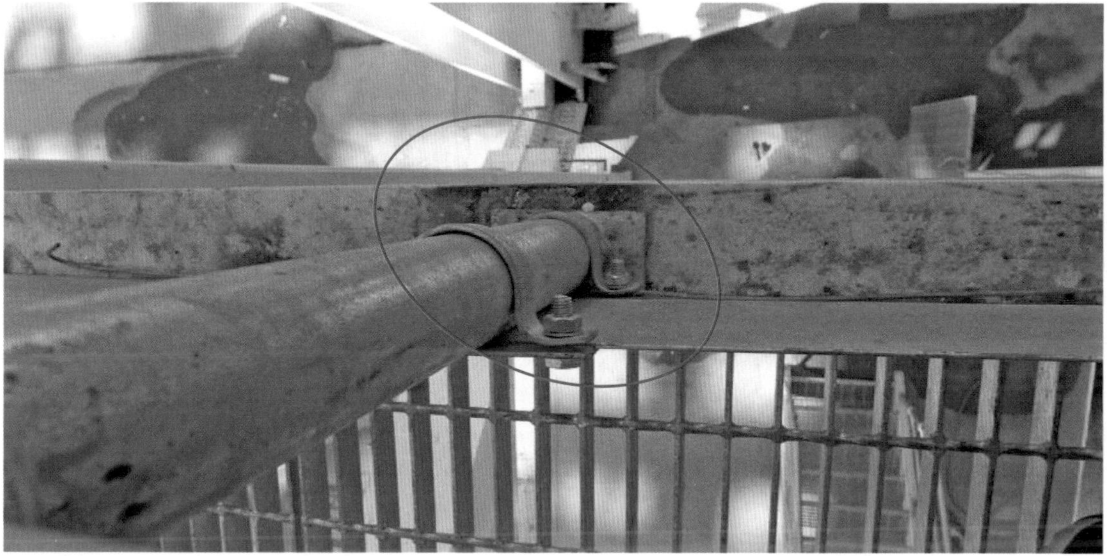

锅炉钢架高强度螺栓连接副接头板未及时防腐，不符合 DL 5190.2—2019《电力建设施工技术规范　第 2 部分：锅炉机组》第 4.3.10 条“完成终拧后的接头部位应及时防腐”的规定。

锅炉大板梁上下叠梁接合面缝隙导致内部锈蚀，不符合 DL 5190.2—2019《电力建设施工技术规范　第 2 部分：锅炉机组》第 4.3.10 条“露天锅炉或在海边等有腐蚀性环境地区的锅炉钢架接头部位的局部缝隙应填补腻子封堵”的规定。

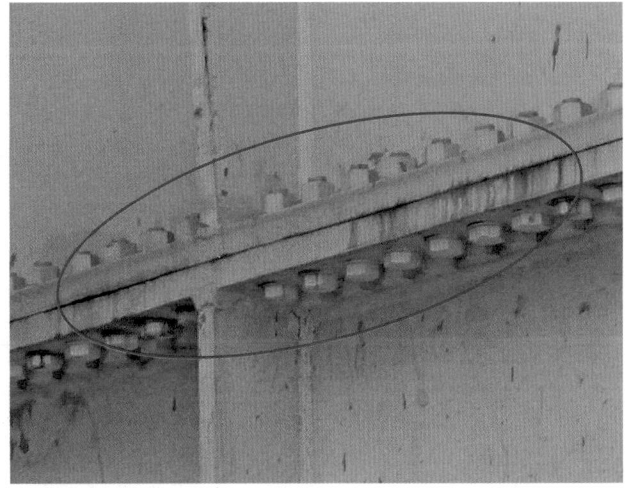

第二章　本 体 设 备

锅炉水冷壁运输保管堆放枕木垫放不当，导致管屏局部明显变形，不符合 DL 5190.2—2019《电力建设施工技术规范　第 2 部分：锅炉机组》第 5.3.5 条“在运输和起吊过程中不应产生永久变形”的规定。

受热面管束（一级低温再热器出口集箱）少数管端未封堵，不符合 DL 5190.2—2019《电力建设施工技术规范 第2部分：锅炉机组》第5.1.16条“受热面管在安装中应保持内部洁净，不得掉入任何杂物”的规定。

锅炉炉顶密封罩顶部（需要上人）未设置安全围栏，不符合 DL 5190.2—2019《电力建设施工技术规范　第2部分：锅炉机组》第4.3.16条第4款“需要上人的炉顶大罩壳顶部必须装设安全围栏”的规定。

锅炉水冷壁刚性梁卡销装置偏装方向错误，膨胀间距（70 ~ 80mm）不能满足设计要求，不符合 DL 5190.2—2019《电力建设施工技术规范　第2部分：锅炉机组》第5.3.4条“刚性梁与受热面之间、刚性梁之间的校平装置应连接正确牢固，且能自由膨胀”的规定。

锅炉安全阀排气管插入淋水盘深度不够，不符合 GB 50764—2012《电厂动力管道设计规范》第 8.2.6 条“开式排放的安全阀排放管的布置必须避免在疏水盘处发生蒸汽反喷”的规定。

超临界锅炉水冷壁混合集箱处鳍片密封焊接扁钢填补不当，且直接焊在管壁上，不符合 DL 5190.2—2019《电力建设施工技术规范　第 2 部分：锅炉机组》第 5.1.19 条“膜式受热面鳍片切割时应防止割伤管子，拼缝用的钢板材质及厚度，应符合设备技术文件的规定”的要求。

锅炉各处膨胀指示器损坏、卡涩或安装有误，不符合 DL 5190.2—2019《电力建设施工技术规范 第2部分：锅炉机组》第5.1.17条“膨胀指示器安装应符合设备技术文件要求，应安装牢固、布置合理、指示正确”的规定。

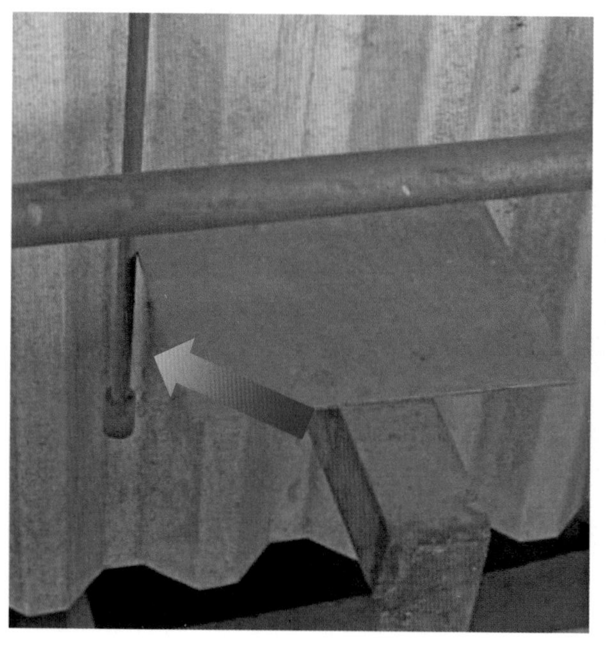

第三章 管道及支吊架

锅炉部分汽水管道支吊架吊杆及花篮螺栓均无防松螺母，不符合 DL 5190.5—2019《电力建设施工技术规范 第 5 部分：管道及系统》第 5.5.5 条“吊杆的调整应在水压前进行，最终调整后应按设计要求锁定螺母”和 DL/T 1113—2009《火力发电厂管道支吊架验收规程》第 9.1.9 条“吊杆连接螺栓与花篮螺母等连接件应在支吊架调整后用锁紧螺母锁紧”的规定。

主蒸汽管道与再热蒸汽管道弹性支吊架吊杆明显偏斜，不符合 DL/T 1113—2009《火力发电厂管道支吊架验收规程》第 9.5.3 条“变力弹簧吊架的吊杆在冷、热态条件下与垂线的夹角不应超过 4°”的规定。

锅炉两侧再热蒸汽连通管膨胀空间不足，热态下管道被锅炉上部钢立柱挤压，不符合 DL 5190.2—2019《电力建设施工技术规范　第 2 部分：锅炉机组》第 5.5.3 条“受热面进出口管及连通管应自由膨胀且不得阻碍受热面设备的膨胀”的规定。

锅炉过热蒸汽连通管与钢平台及疏放水集箱在热态下无膨胀间距相碰，不符合 DL 5190.2—2019《电力建设施工技术规范　第 2 部分：锅炉机组》第 5.5.3 条“受热面进出口管及连通管应自由膨胀且不得阻碍受热面设备的膨胀”的规定。

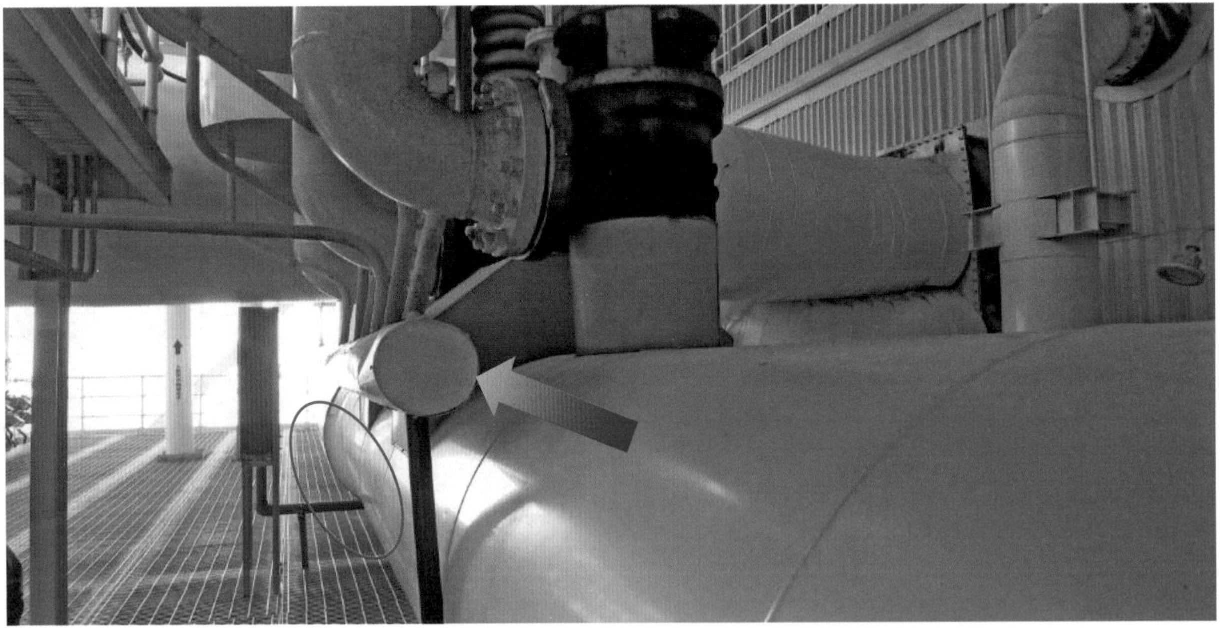

锅炉炉前垂直段主蒸汽管道侧向膨胀受阻，管道明显受挤压变形，不符合 DL 5190.2—2019《电力建设施工技术规范　第 2 部分：锅炉机组》第 5.5.5 条“管道支吊架的活动部件与其支撑件应接触良好，满足管道设计膨胀要求”的规定。

燃油操作台燃油管道无明显可靠接地，不符合 DL 5190.2—2019《电力建设施工技术规范　第 2 部分：锅炉机组》第 9.1.3 条“燃油系统设备的接地和防静电措施应符合设计要求，设备进出口法兰或其他非焊接方式的连接处必须有可靠的防静电跨接”的规定。

不锈钢管道采用普通碳素钢法兰或螺栓连接，不符合 GB 50764—2012《电厂动力管道设计规范》第 10.1.7 条“不锈钢管道不应直接与碳钢管部焊接或接触”的规定。

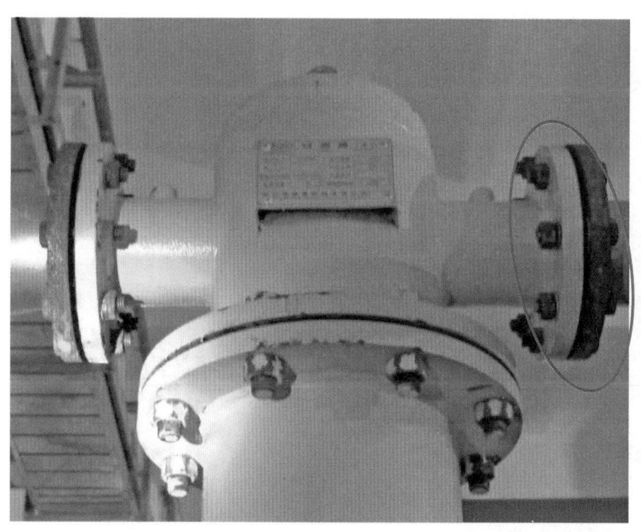

第四章 附 属 设 备

锅炉引、送风机等油站油箱未见接地，不符合 DL 5190.2—2019《电力建设施工技术规范 第2部分：锅炉机组》第 10.3.2 条“辅机油箱进油前必须完成接地”的规定。

锅炉送风机轴承箱渗漏油、动叶液压油管接头渗漏，不符合 DL 5190.2—2019《电力建设施工技术规范 第 2 部分：锅炉机组》第 10.3.5 条“通油试验时设备及系统应严密无渗漏”的规定。

锅炉引风机进出口烟道及非金属补偿器均有明显泄漏，不符合 DL 5190.2—2019《电力建设施工技术规范　第 2 部分：锅炉机组》第 8.6.1 条“烟、风、燃（物）料管道及附属设备安装应分阶段进行质量验收”的规定。

辅机安装找正用调整螺栓未及时松除，不符合 DL 5190.2—2019《电力建设施工技术规范 第 2 部分：锅炉机组》第 10.1.5 条“辅助及电动机找正用临时调整螺栓宜在二次灌浆后拆除，并应符合设备技术文件要求”的规定。

第五章 其 他 设 备

风机检修起吊装置（电动葫芦）操作手柄随意放置，不符合 DL 5009.1—2014《电力建设安全工作规程 第 1 部分：火力发电》第 4.6.5 条第 20 款“电动葫芦操作装置应放置在固定箱内并加锁，且有防雨措施”的规定。

烟风管道现场吊装的组合部件焊缝在安装就位前未见渗油试验痕迹，不符合 DL 5190.2—2019《电力建设施工技术规范　第 2 部分：锅炉机组》第 8.1.6 条“现场对接焊缝应在保温前经渗油检查合格”的规定。

锅炉热一次风挡板门处及空气预热器 LCS 执行机构处漏灰，不符合 DL 5190.2—2019《电力建设施工技术规范　第 2 部分：锅炉机组》第 8.3.1 条“挡板、插板在安装前应检查，必要时作解体检修。……应密封完好”的规定。

设备检修用单梁起重机的机械限位装置安装错误，不符合 DL 5009.1—2014《电力建设安全工作规程 第1部分：火力发电》第4.6.5条第5款“止挡装置应能承受起重机可能产生的最大冲击力”的规定。

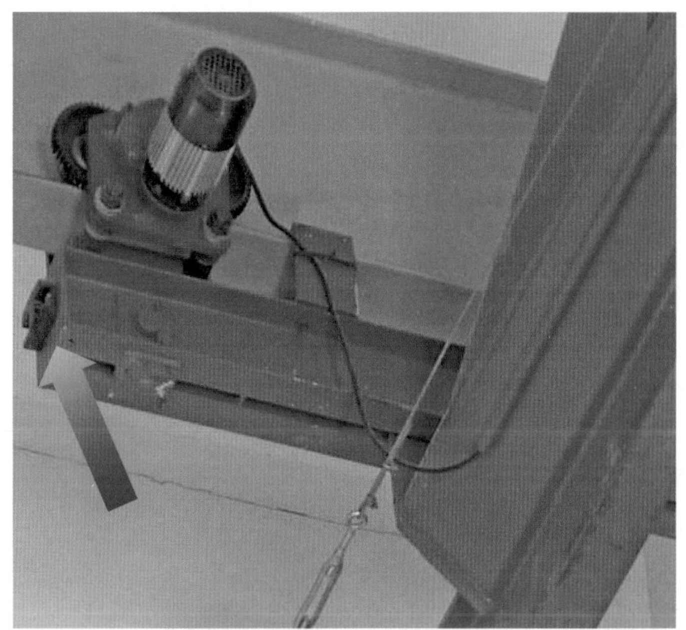

Ⅲ　汽轮机篇

第一章 汽轮机油系统

汽轮发电机组已投入运行，主油箱事故放油门无保护罩及标志牌，不符合 DL 5190.3—2019《电力建设施工技术规范 第 3 部分：汽轮发电机组》第 10.1.5 条“事故放油门手轮应设玻璃保护罩且有明显标识”的规定。

主油箱事故放油门设金属网保护罩，不符合 DL 5190.3—2019《电力建设施工技术规范　第 3 部分：汽轮发电机组》第 10.1.5 条“事故放油门手轮应设玻璃保护罩”的规定。

主油箱事故放油门无明显标识，不符合 DL 5190.3—2019《电力建设施工技术规范　第 3 部分：汽轮发电机组》第 10.1.5 条“事故放油门手轮应设玻璃保护罩且有明显标识”的规定。

主油箱事故放油门安装在阀门井内、井盖无标识，不符合 DL 5190.3—2019《电力建设施工技术规范　第3部分：汽轮发电机组》第10.1.5条“事故放油门手轮应设玻璃保护罩且有明显标识”的规定。

设置在阀门井内的主油箱事故放油门无防护罩、无标志牌、严重锈蚀，不符合 DL 5190.3—2019《电力建设施工技术规范　第 3 部分：汽轮发电机组》第 10.1.5 条“事故放油门手轮应设玻璃保护罩且有明显标识”的规定。

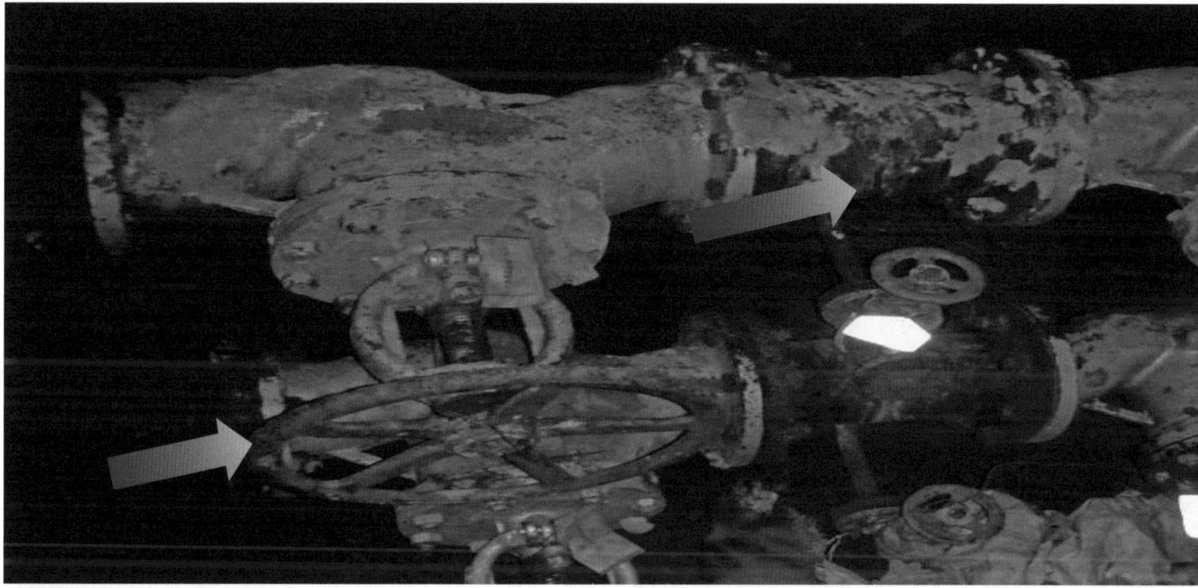

第二章　附属机械与辅助设备

驱动给水泵汽轮机汽缸、给水泵滑销无防松脱措施，不符合 DL 5190.3—2019《电力建设施工技术规范　第 3 部分：汽轮发电机组》第 4.4.4 条“滑销固定应牢固，直接镶嵌时应有紧力，螺栓固定时应有防松措施”的规定。

给水泵汽轮机油箱事故放油门无保护罩及标志牌、阀门距油箱不足 5m，不符合 DL 5190.3—2019《电力建设施工技术规范　第 3 部分：汽轮发电机组》第 10.1.5 条“事故放油门与油箱外壁水平直线的距离应大于 5m，并应有两个以上通道。事故放油门手轮应设玻璃保护罩且有明显标识”的规定。

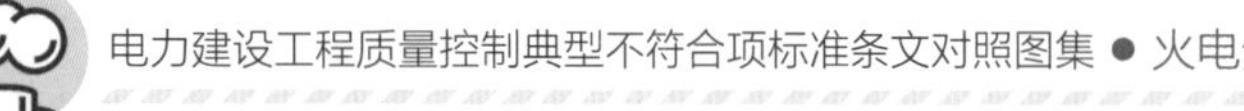

附属机械地脚螺栓未采取防松措施，不符合 DL 5190.3—2019《电力建设施工技术规范　第 3 部分：汽轮发电机组》第 6.1.8 条“螺母与垫圈、垫圈与底座应接触严密，并应采取防松措施”的规定。

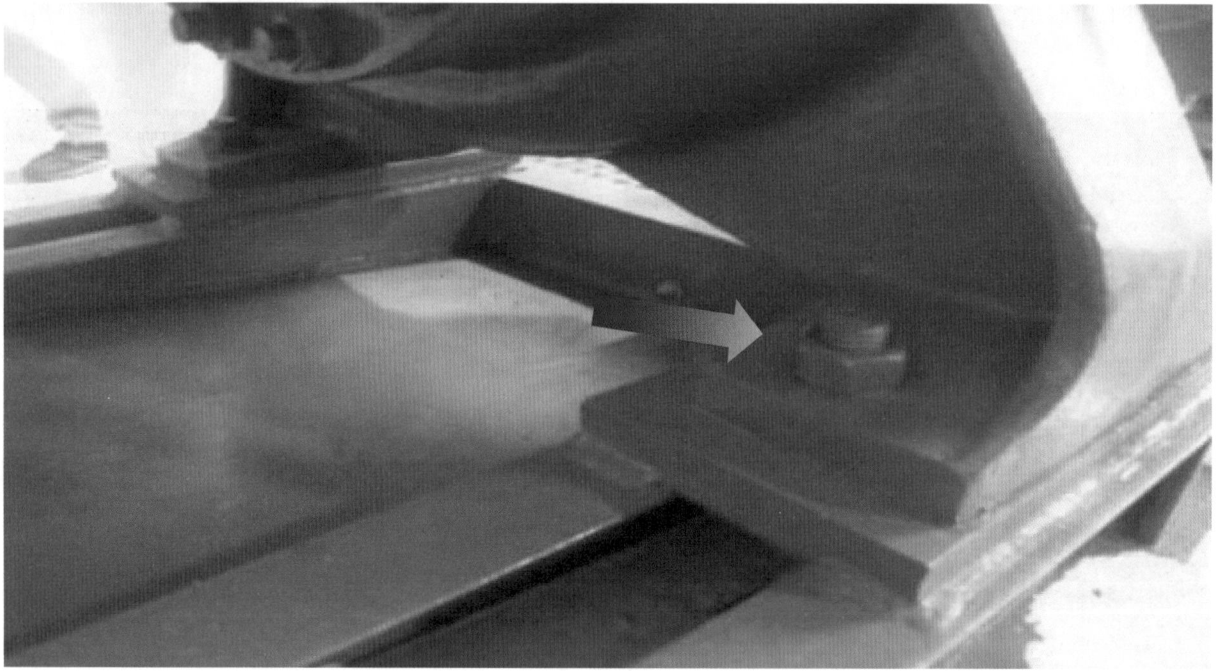

加热器活动支座滚轮被混凝土浇灌，运行状态下限制支座膨胀，不符合 DL 5190.3—2019《电力建设施工技术规范 第 3 部分：汽轮发电机组》第 5.5.3 条“支座膨胀位移量应符合设计要求”的规定。

辅机单轨吊轨道限位器未加缓冲垫，操作手柄无防护设施，不符合 DL 5009.1—2014《电力建设安全工作规程　第 1 部分：火力发电》第 4.6.5 条“起重机械的制动、限位、连锁、保护等安全装置应齐全、灵敏、有效。电动葫芦操作装置应放置在固定箱内并加锁”的规定。

第三章 管道及支吊架

热态工况下，管道支吊架与建筑物结构发生碰撞，不符合 DL/T 1113—2009《火力发电厂管道支吊架验收规程》第 10.3.1 条“在第一次暖管升温至额定运行温度的过程中应对整个管系全面检查，确认管道同建筑结构或设备之间不发生干涉、碰撞”的规定。

支吊架吊杆在冷、热状态下吊杆偏斜量超标，不符合 DL 5190.5—2019《电力建设施工技术规范 第5部分：管道及系统》第5.7.15条“刚性吊架吊杆在冷、热态条件下与垂线之间夹角均不应超过3°，变力弹簧吊架和恒力吊架的吊杆在冷、热态条件下与垂线之间夹角均不应超过4°”的规定。

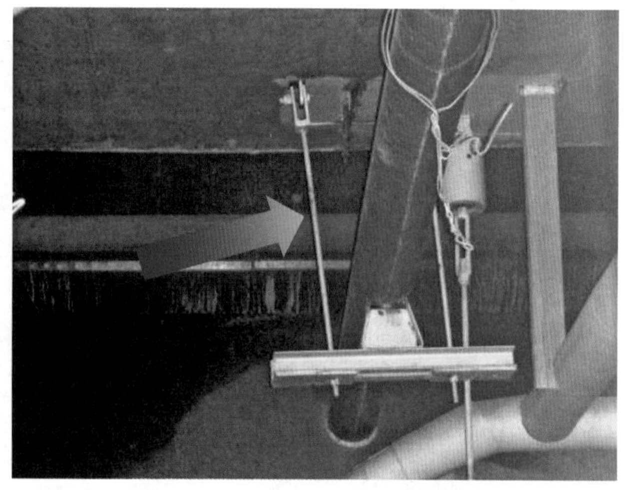

支吊架吊杆穿过管道保温层，不符合 DL 5190.5—2019《电力建设施工技术规范　第 5 部分：管道及系统》第 5.7.3 条“除设计采取特殊措施外，支吊架吊杆不应穿过保温层”的规定。

支吊架穿越电缆桥架，不符合 DL 5190.5—2019《电力建设施工技术规范　第 5 部分：管道及系统》第 5.7.4 条“支吊架吊杆不应穿越电缆桥架”的规定。

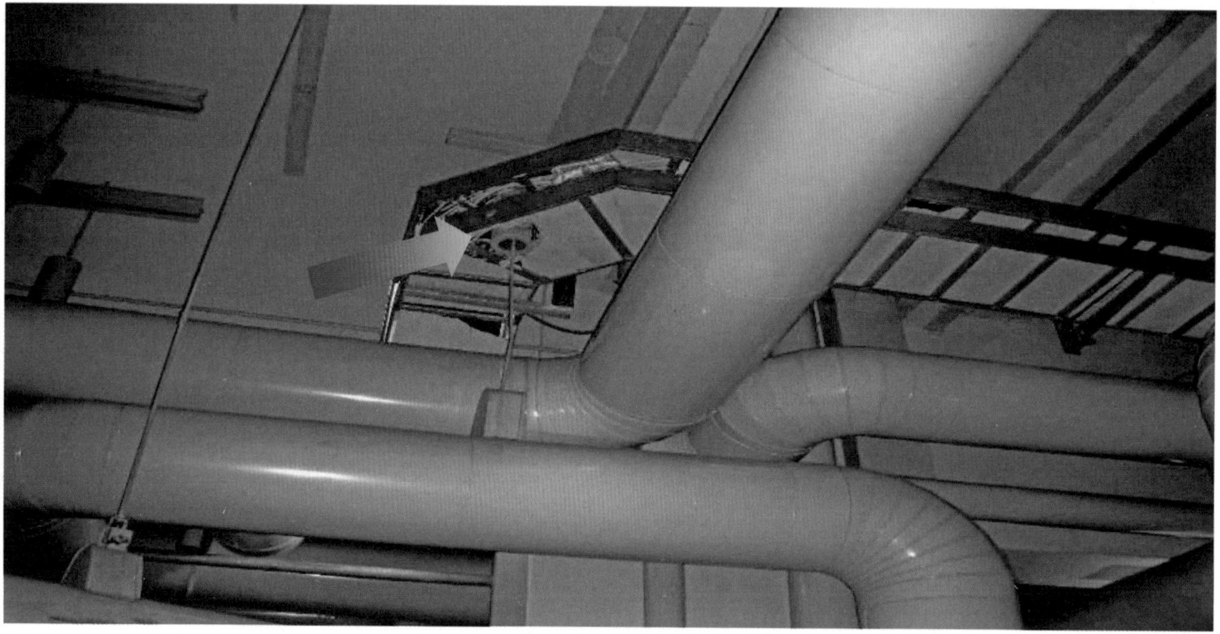

管道吊架增加额外荷载、约束，不符合 DL/T 1113—2009《火力发电厂管道支吊架验收规程》第 9.1.3 条“支吊架应按设计文件要求进行安装。未经支吊架安装设计工程师的同意，不得改变任何支吊架的安装位置、方向或增加约束”的规定。

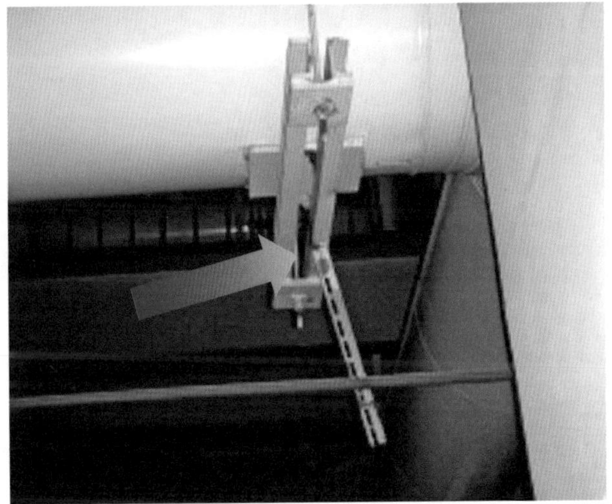

管道吊架螺栓承载部分有螺纹，不符合 DL 5190.5—2019《电力建设施工技术规范 第 5 部分：管道及系统》第 5.7.20 条“受纯剪载荷的螺栓，其承载部分不应有螺纹”的规定。

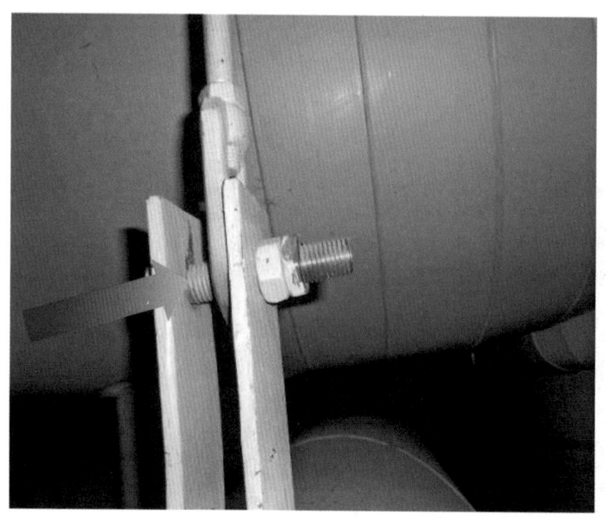

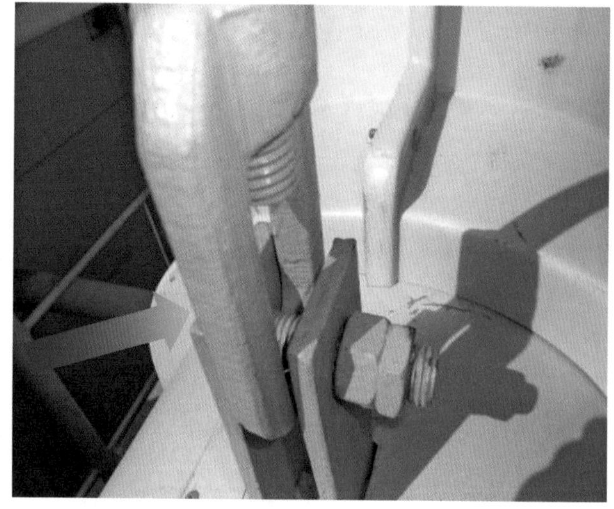

管道吊架吊杆花篮螺栓调整余量不足、未安装防松螺母，不符合 DL 5190.5—2019《电力建设施工技术规范 第 5 部分：管道及系统》第 5.7.14 条“支吊架吊杆与花篮螺母连接时应留有调整余量，调整后螺杆应露出连接件 15mm 以上，吊杆连接螺母和花篮螺母等连接件应用锁紧螺母锁紧”的规定。

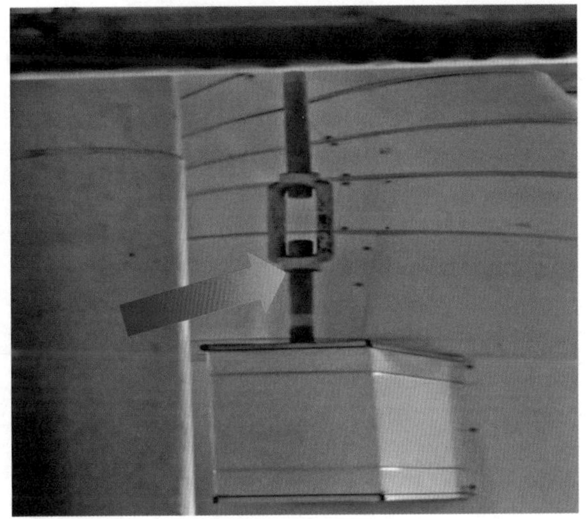

运行状态下，管道吊架吊杆锁紧螺母松动，不符合 DL 5190.5—2019《电力建设施工技术规范　第5部分：管道及系统》第 5.7.14 条“吊杆连接螺母和花篮螺母等连接件应用锁紧螺母锁紧”的规定。

管道恒力吊架位移指示达到极限位置，不符合 DL/T 1113—2009《火力发电厂管道支吊架验收规程》第 10.2.3 条“水压试验后升温前，恒力吊架的位移指示器应基本在冷态位置，不应处于极限位置”，以及第 10.3.2 条“运行条件下，恒力吊架的位移指示器应基本在热态位置，不应处于极限位置”的规定。

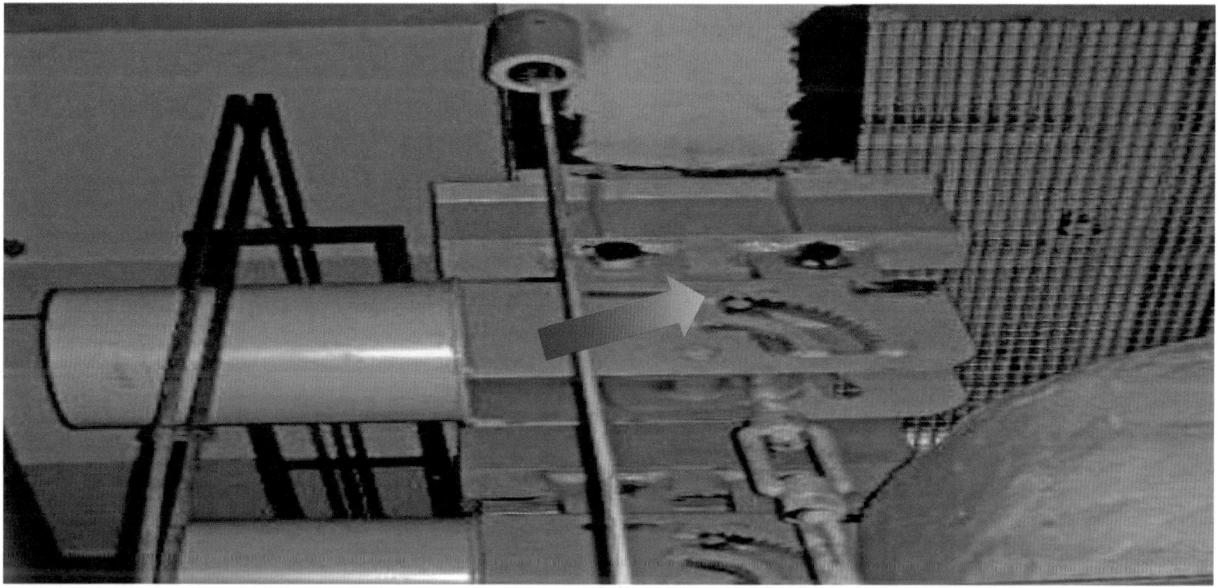

管道支架脱空、不承载，不符合 DL/T 1113—2009《火力发电厂管道支吊架验收规程》第 9.3.5 条“滑动支架安装时，滑动面应平整、洁净、光滑，在设计位移下不应出现脱空现象”的规定。

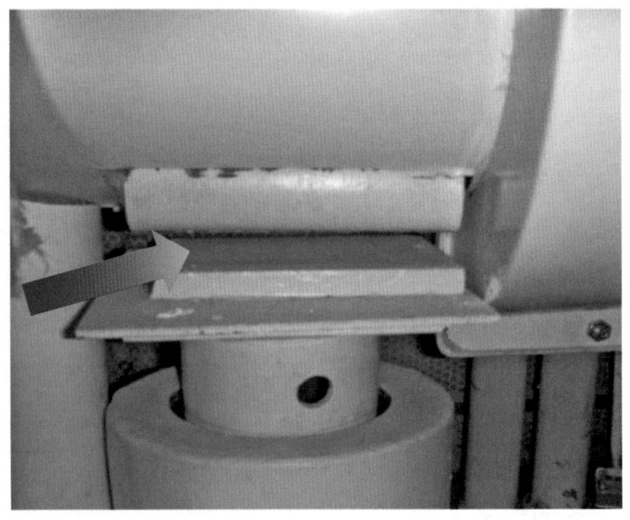

运行状态下，管道弹簧吊架过载，不符合 DL/T 1113—2009《火力发电厂管道支吊架验收规程》第 10.3.3 条“运行条件下，变力弹簧支吊架的载荷位移指示应基本在热态位置，不应处于行程的极限位置”的规定。

运行状态下，管道弹簧吊架锁定销未拔除，不符合 DL/T 1113—2009《火力发电厂管道支吊架验收规程》第 10.2.1 条“水压后升温前的检查，支吊架锁定装置和水压试验用的任何临时支吊架均应解除并妥善保管”的规定。

运行状态下，波纹膨胀节偏斜、固定螺栓未调整，不符合 DL 5190.5—2019《电力建设施工技术规范 第 5 部分：管道及系统》第 5.6.13 条“管道补偿器安装后与管道同轴，不应偏斜；松开或拉紧限位装置在管道安装结束后进行”的规定。

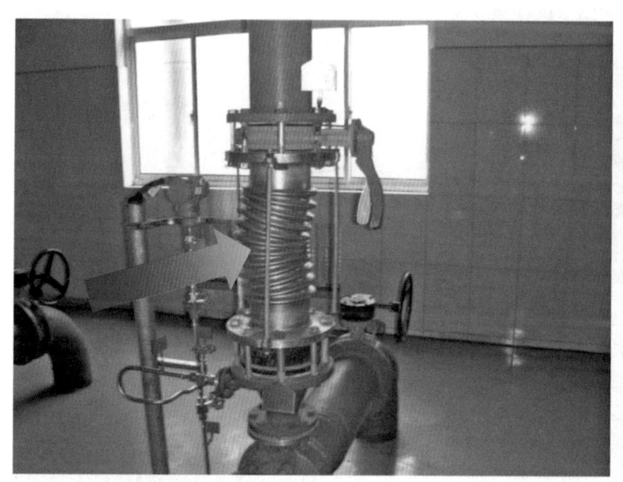

管道法兰螺栓长度不足，紧固后末端未露出螺母，不符合 DL 5190.5—2019《电力建设施工技术规范 第5部分：管道及系统》第5.6.8条“阀门与法兰的连接螺栓，末端应露出螺母，露出长度宜为2个～3个螺距”的规定。

不锈钢管道与碳钢支架间隔离垫安装不齐全，不符合 DL 5190.5—2019《电力建设施工技术规范 第 5 部分：管道及系统》第 5.4.3 条“不锈钢管道与支吊架之间应垫入不锈钢垫片或氯离子含量不超过 50mg/kg 的非金属材料”的规定。

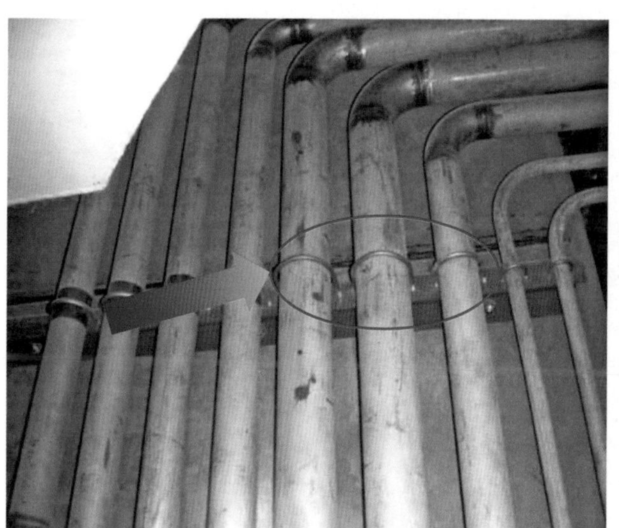

人行通道上方的酸碱管道采用法兰连接、未加防护罩，不符合 DL 5190.6—2019《电力建设施工技术规范　第 6 部分：水处理和制（供）氢设备及和系统》第 13.2.2 条“酸、碱管道法兰连接应严密，在行人通道上方的酸、碱管道不宜布置阀门及法兰连接”的规定。

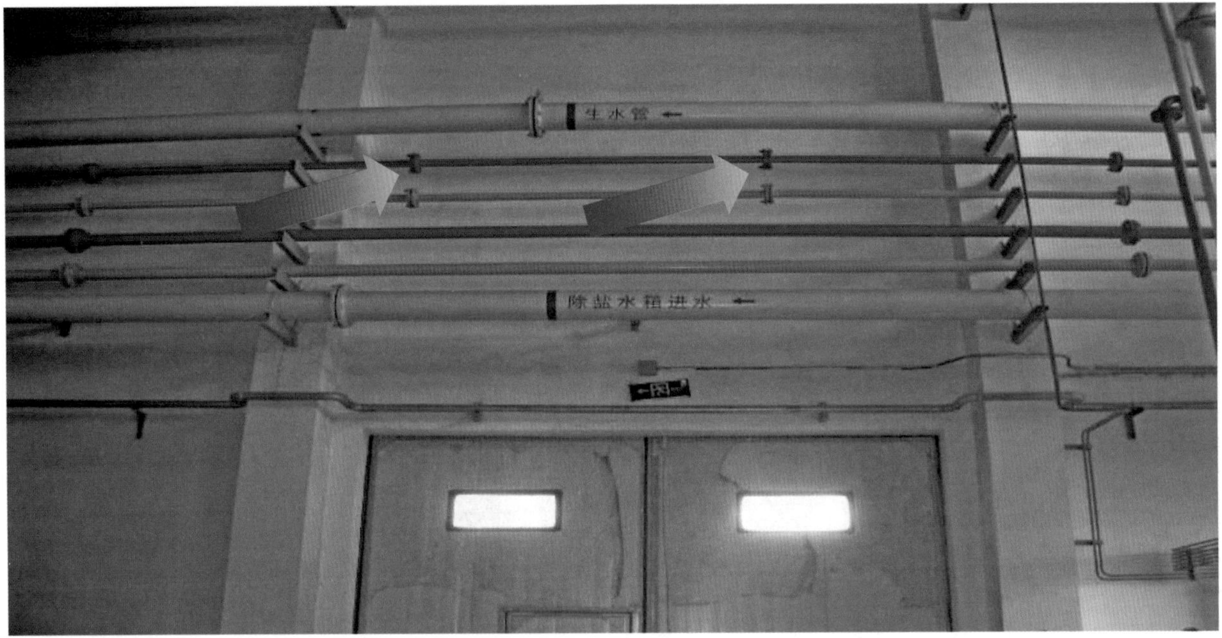

发电机氢气管道法兰未安装跨接线，不符合 DL 5190.6—2019《电力建设施工技术规范　第 6 部分：水处理和制（供）氢设备及和系统》第 16.3.2 条“氢气管道法兰、阀门的连接处必须采用金属线作跨接接地”的规定。

发电机排氢气管道未安装阻火器，不符合 DL 5190.3—2019《电力建设施工技术规范　第 3 部分：汽轮发电机组》第 9.10.2 条“含氢的排放管道必须单独接至厂房外安全处，排氢管道管口应设阻火器”的规定。

综合管架上氢气管道未安装防雷电感应接地线，不符合 DL 5190.6—2019《电力建设施工技术规范 第 6 部分：水处理和制（供）氢设备及和系统》第 16.3.2 条“室外架空敷设氢气管道每隔 20m ~ 25m 必须设置防雷电感应接地”的规定。

第四章　设备及系统标识

管道介质命名、流向标识不规范，不符合 DL 5714—2014《火力发电厂热力设备及管道保温防腐施工技术规范》附录 C“火力发电厂热力管道介质名称及介质流向标识”的规定。

集中布置的阀门无标志牌或标识不齐全，不符合 DL/T 1123—2009《火力发电企业生产安全设施配置》第 5.7.2 条“阀门标志牌应标明阀门名称，编号和开启、关闭操作方向”的规定。

转动机械联轴器色标不规范、无转向标识，不符合 DL/T 1123—2009《火力发电企业生产安全设施配置》第 5.6.2 条“转动设备联轴器上应加装牢固的红色防护罩，防护罩的大小应将联轴器及联轴器连接的螺栓一起罩起来，防护罩上应标注设备转动方向，并应与电动机转动方向一致，颜色为白色”的规定。

Ⅳ　防腐保温篇

锅炉运转层平台通道旁送粉管道无保温设计（防人员烫伤），不符合 DL/T 5072—2019《发电厂保温油漆设计规程》第 3.0.1 条“其外表面温度超过 60℃，而又无法采取其他措施防止烫伤人员的部位，必须按不同要求予以保温”的规定。

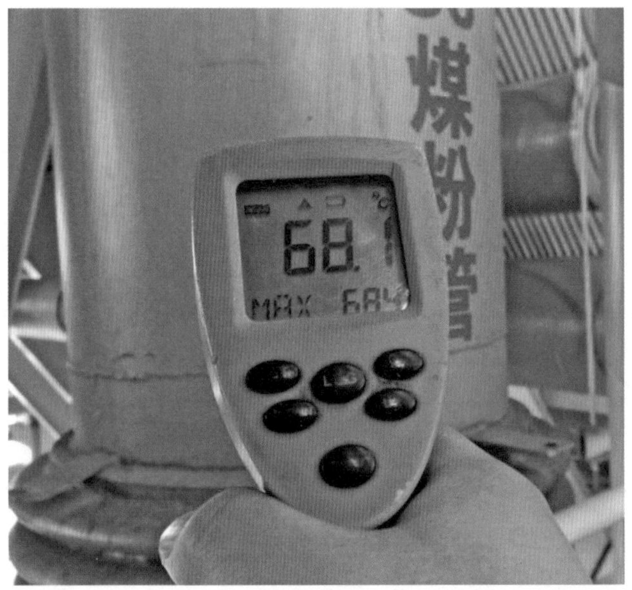

Π 形锅炉折烟角（后水延伸段）处存在明显局部超温，不符合 DL 5714—2014《火力发电厂热力设备及管道保温防腐施工技术规范》第 7.0.4 条“当环境温度不高于 27℃时，设备与管道保温结构外表面温度不应超过 50℃；当环境温度高于 27℃时，保温结构外表面温度不应比环境温度高出 25℃以上”的规定。

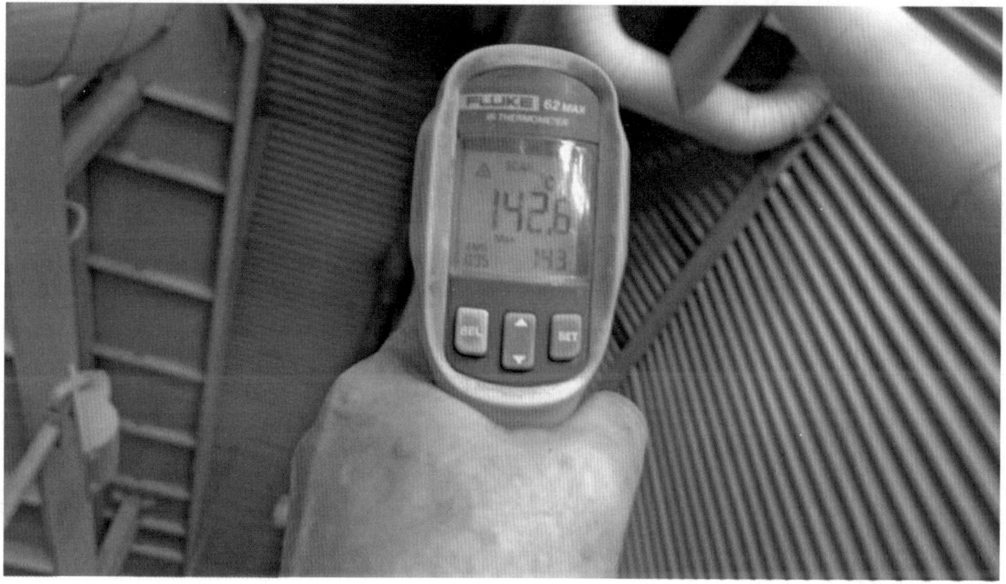

锅炉钢架表面防腐油漆大面积剥落，不符合 DL 5714—2014《火力发电厂热力设备及管道保温防腐施工技术规范》第 8.1.3 条第 6 款“涂层厚度应均匀，不得漏涂和误涂，颜色应一致，不应有透底、斑迹、脱落、皱纹、流痕、浮膜、漆粒、返锈等明显缺陷”的规定。

风机稀油站油箱及冷却水管道防腐油漆色标错误，不符合 DL/T 5072—2019《发电厂保温油漆设计规程》第 7.1.2 条及表 7.1.2“油漆颜色表”的规定，循环水、工业水、射水、冲灰水管道为黑色。

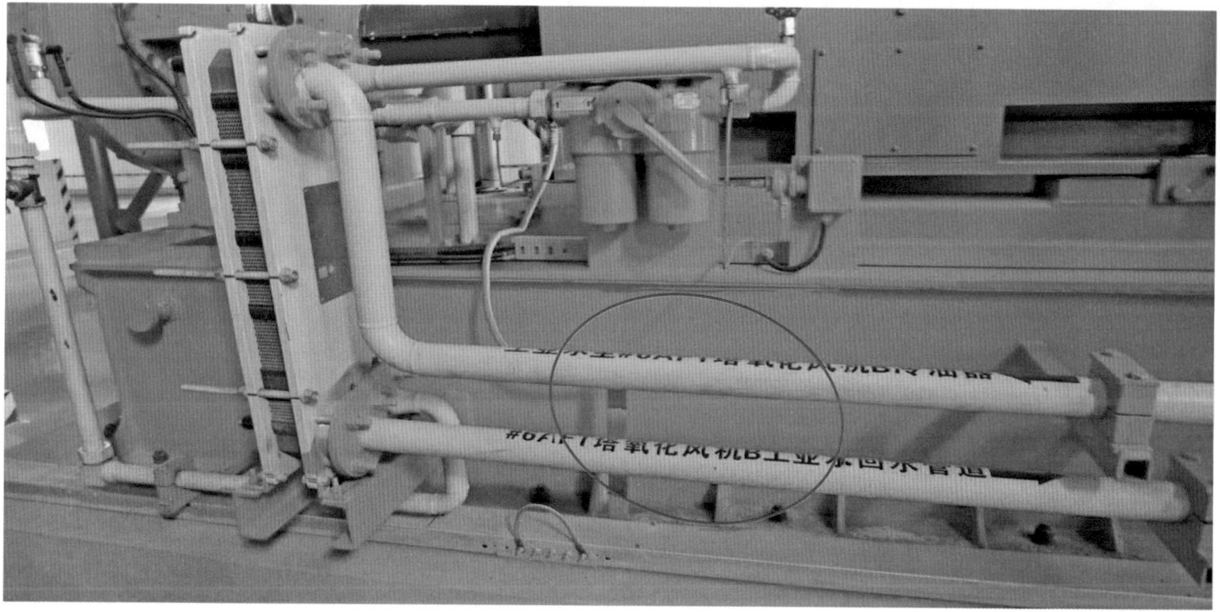

再循环烟道膨胀外侧外护不能有效排出雨水，不符合 DL 5714—2014《火力发电厂热力设备及管道保温防腐施工技术规范》第 6.2.3 条第 7 款“水平方向包角应采用内置方式，垂直方向包角应采用外置方式”的规定。

保温外护板超出滑动面，热态下保温外护板会损坏，不符合 DL 5714—2014《火力发电厂热力设备及管道保温防腐施工技术规范》第 6.2.2 条第 2 款“保温外护层安装不得影响支吊架、执行机构等设备的正常动作”的规定。

炉前中间混合集箱明显局部超温，外护板及上部刚性梁处有超温痕迹，不符合 DL 5714—2014《火力发电厂热力设备及管道保温防腐施工技术规范》第 7.0.4 条“当环境温度不高于 27℃时，设备与管道保温结构外表面温度不应超过 50℃”的规定。

保温外护板固定装置影响受热面膨胀，不符合 DL/T 5714—2014《火力发电厂热力设备及管道保温防腐施工技术规范》第 6.2.1 条第 5 款“锅炉受热面保温外护层支承件安装不得影响刚性梁自由膨胀；每层支承件平整度偏差不大于 5mm，层间支承件垂直度累计偏差不大于 10mm”的规定。

水冷壁角部外护板与角部连接无间隙，导致热态下变形严重，损坏外护板，不符合 DL 5714—2014《火力发电厂热力设备及管道保温防腐施工技术规范》第 6.2.2 条第 2 款“外护层安装不得影响支吊架、执行机构等设备的正常动作”的规定。

热风道顶护板无法有效排水，不符合 DL 5714—2014《火力发电厂热力设备及管道保温防腐施工技术规范》第 6.2.3 条第 7 款“包角板安装应能满足膨胀要求。包角板宽度宜不小于 120mm；水平方向包角应采用内置方式，垂直方向包角应采用外置方式”的规定。

汽缸保温层表面超温，不符合 DL 5714—2014《火力发电厂热力设备及管道保温防腐施工技术规范》第 7.0.4 条“当环境温度不高于 27℃时，设备与管道保温结构外表面温度不应超过 50℃；当环境温度高于 27℃时，设备与管道保温结构外表面温度不应比环境温度高出 25℃以上”的规定。

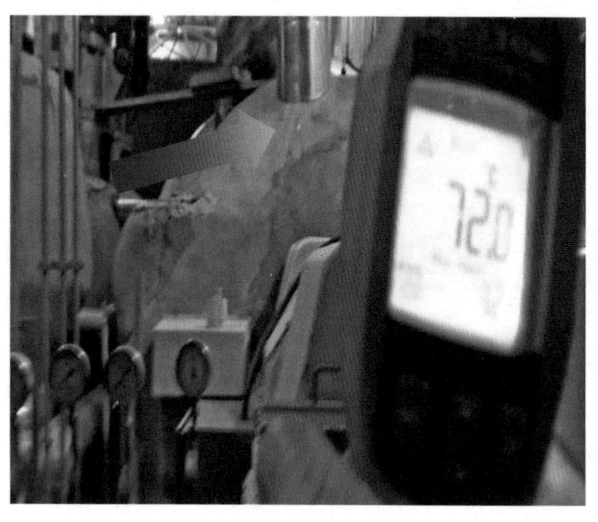

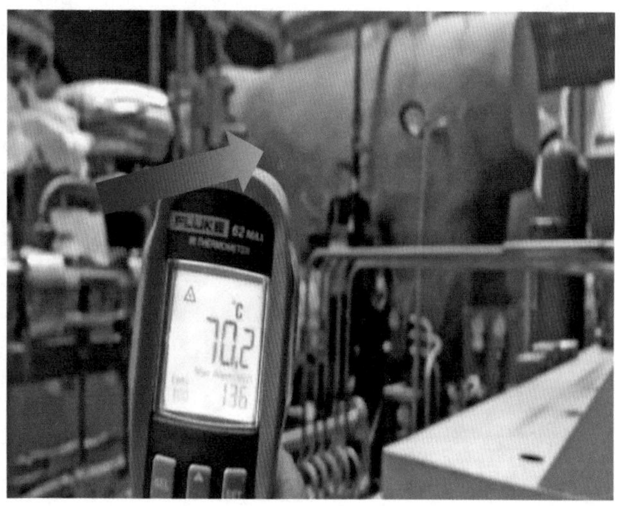

平台、地面部位的安全门排汽管道未加防烫伤保温，不符合 DL/T 5072—2019《发电厂保温油漆设计规程》第 3.0.4 条“需要防止烫伤人员的部位应在下列范围内设置防烫的措施：距离地面或工作平台的垂直高度小于 2100mm”的规定。

热态工况下，管道保温外护板搭接尺寸不足、脱开，不符合 DL 5714—2014《火力发电厂热力设备及管道保温防腐施工技术规范》第 6.2.3 条“压形板纵向应顺水搭接，搭接尺寸应不小于 50mm”的规定。

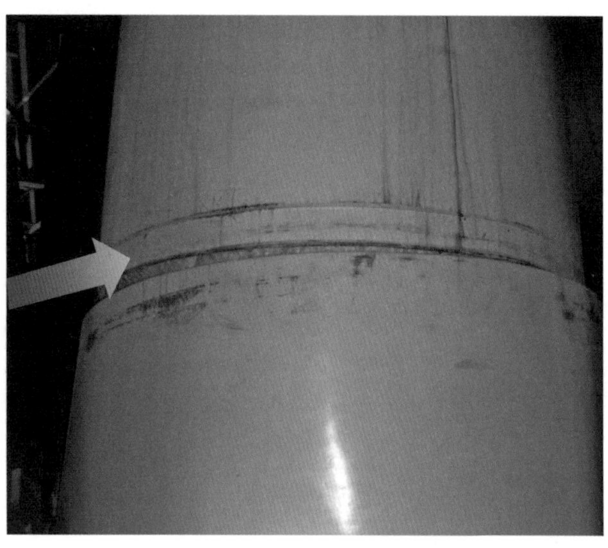

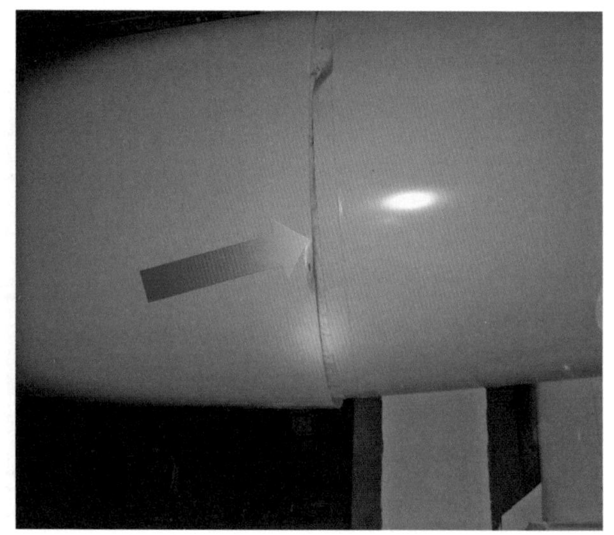

管道保温外护板表面严重超温，不符合 DL 5714—2014《火力发电厂热力设备及管道保温防腐施工技术规范》第 7.0.4 条“当环境温度不高于 27℃时，设备与管道保温结构外表面温度不应超过 50℃；当环境温度高于 27℃时，设备与管道保温结构外表面温度不应比环境温度高出 25℃以上”的规定。

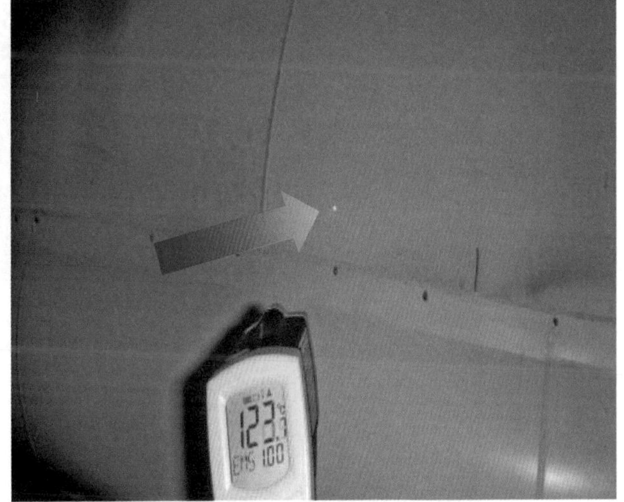

安全阀弹簧部位增加保温，不符合 DL 5714—2014《火力发电厂热力设备及管道保温防腐施工技术规范》第 5.5.11 条“安全阀进口短管应保温，除厂家有明确要求外，阀体不允许保温”的规定。

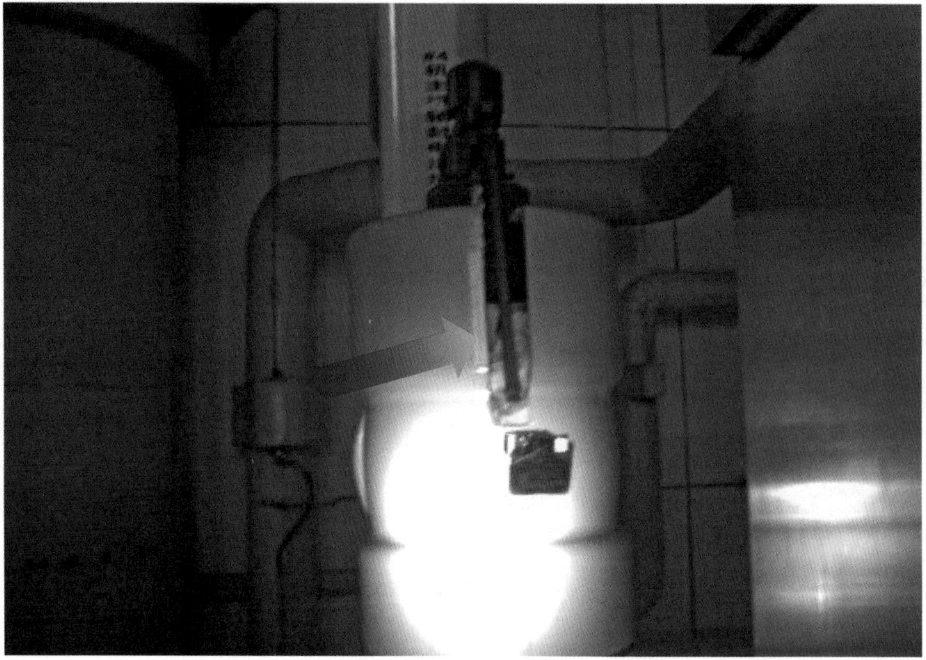

防腐层脱落、返锈、漏涂，不符合 DL 5714—2014《火力发电厂热力设备及管道保温防腐施工技术规范》第 8.1.3 条“涂层厚度应均匀，不得漏涂和误涂，颜色应一致，不应有透底、斑迹、脱落、皱纹、流痕、浮膜、漆粒、返锈等明显缺陷”的规定。

V　焊接篇

管道上焊接限位支撑钢板，水冷壁组合时直接焊接在水冷壁管子上的刚性梁附件，焊前未采取清除油漆、铁锈、污物等措施，不符合 DL/T 869—2012《火力发电厂焊接技术规程》第 4.3.1 条“焊件在组对前应将坡口表面及附近母材的油、漆、垢、锈等清理干净，直至发出金属光泽”的规定。

锅炉水冷壁组合未采取对称焊接方式，不利于焊接残余应力和变形的控制，不符合 DL/T 869—2012《火力发电厂焊接技术规程》第 5.3.8 条“锅炉密集排管的对接接头宜采取二人对称焊”的规定。

锅炉连通管部分焊口和水冷壁组合部分焊口仅进行了钨极氩弧焊封底焊接，未及时进行填充及盖面焊接，表面已经锈蚀，不符合 DL/T 869—2012《火力发电厂焊接技术规程》第 5.3.6 条“采用钨极氩弧焊打底的根层焊缝应经检查合格，并及时进行次层焊缝的焊接”的规定。

锅炉组合鳍片连接局部间隙内加填焊条，不符合 DL/T 869—2012《火力发电厂焊接技术规程》第 4.1.3 条“焊件组对的局部间隙过大时，应设法修整到规定尺寸，不应在间隙内加填塞物”的规定。

锅炉受热面管子之间镶嵌鳍片钢板的多个点固焊缝已经开裂，发现相邻部件未及时清除点固焊缝裂纹即开始焊接，不符合 DL/T 869—2012《火力发电厂焊接技术规程》第 5.3.5 条“a）采用焊缝定位时，焊后应检查各个定位焊点质量，如有缺陷应立即清除，重新进行定位焊”的规定。

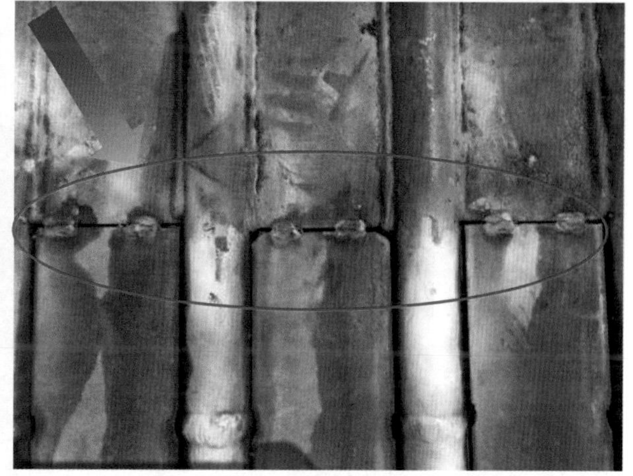

锅炉前顶棚过热器集箱两只焊口角变形超标，不符合 DL/T 869—2012《火力发电厂焊接技术规程》第 7.1.2 条“焊接角变形应符合表 7 中焊接角变形允许范围：管径 $D<100$mm 时，≤ 2/200”的规定。

管道支撑牛腿、管道吊架挡块与管道的焊接，焊前未采取打磨清理焊件表面油漆、铁锈等污物的措施，不符合 DL/T 869—2012《火力发电厂焊接技术规程》第 4.3.1 条“焊件在组对前应将坡口表面及附近母材的油、漆、垢、锈等清理干净”的规定。

不锈钢管道冷弯弯头处，其焊口中心线距离弯曲起点不足 100mm，不符合 DL/T 869—2012《火力发电厂焊接技术规程》第 4.1.1.2 条“管道对接焊口，其中心线距离管道弯曲起点不小于管道外径，且不小于 100mm（定型管件除外）”的规定。

P92 钢再热蒸汽管道与临时槽钢框架之间点固焊接，不符合 DL/T 869—2012《火力发电厂焊接技术规程》第 5.3.3 条“不应在被焊工件表面引燃电弧、试验电流或随意焊接临时支撑物”的规定。

不锈钢管道焊接焊缝表面呈灰黑色，不符合 DL/T 869—2012《火力发电厂焊接技术规程》第 E.11 条“不锈钢焊缝表面色泽不应出现灰色和黑色”的规定。

管道弯头处的焊缝外形尺寸超标，焊接在钢梁上的槽钢支架焊缝表面成型质量差，不符合 DL/T 869—2012《火力发电厂焊接技术规程》表 6“焊缝外形允许尺寸”1 中“对接焊缝——焊缝宽度：比坡口增宽< 4mm；角焊缝——焊脚尺寸：δ+（2 ~ 4）mm，δ 为较薄部件的板厚”的规定。

锅炉上部连接管道三通部位焊口边缘减薄措施不规范，焊缝边缘形成应力集中沟槽；锅炉房一处管道焊接接头两侧管道外径不一致，不符合 DL/T 869—2012《火力发电厂焊接技术规程》第 4.3.4 条“b）外壁（或表面）尺寸不相等而内壁（或根部）要求齐平时，可按图 1（b）的形式进行加工”的规定。

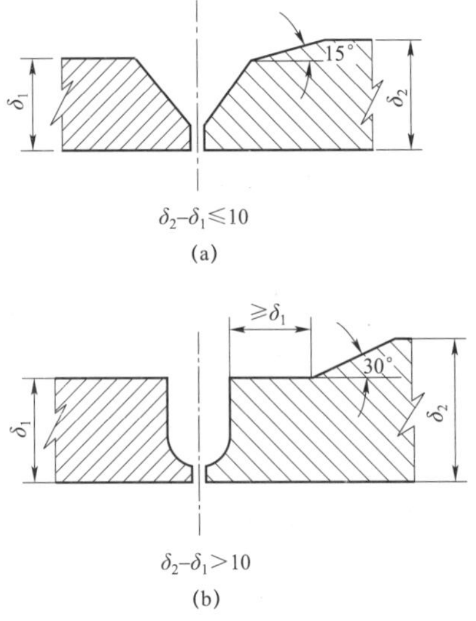

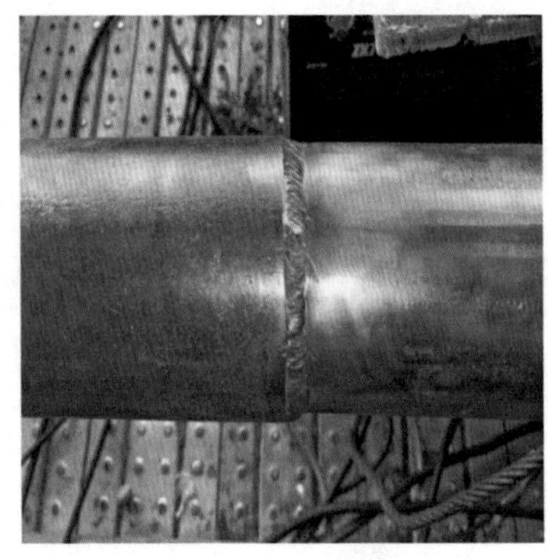

锅炉栏杆安装焊接、煤斗制作焊接，焊缝未填满，表面低于母材，不符合 DL/T 678—2013《电力钢结构焊接通用技术条件》表 8“焊缝外观检验验收标准”中“外观缺陷：未填满”及表 9“管桁结构 T 形接头角焊缝焊脚尺寸”中最小焊脚尺寸 h_f 的规定。

循环水管加工组对前，坡口表面存在较多切割熔渣和铁锈等污物，不符合 DL/T 869—2012《火力发电厂焊接技术规程》第 4.3.1 条“焊件在组对前应将坡口表面及附近母材的油、漆、垢、锈等清理干净，直至发出金属光泽”的规定。

循环水管加工制作，埋弧焊的纵向焊缝穿过环向焊缝形成十字接头，致使该区域成为应力集中区，不符合 DL/T 869—2012《火力发电厂焊接技术规程》第 4.1.1 条“焊口位置应避开应力集中区”的规定。

锅炉钢柱上焊接牛腿，钢构件上焊接吊耳，焊前没有采取清除漆、锈、垢等污物的措施，不符合DL/T 678—2013《电力钢结构焊接通用技术条件》第5.3.1条“焊件组对前应将坡口表面及附近母材的油、漆、垢、锈等清理干净，直至发出金属光泽”的规定。

在翼板厚度超过 38mm 的锅炉立柱上焊接支撑件，未采取焊前预热和焊后热处理措施，不符合 DL/T 678—2013《电力钢结构焊接通用技术条件》第 6.2.3 条表 5 中“Q235、Q295、Q245R，38mm <翼板厚度 $\delta \leqslant 65$mm，预热温度 50℃”及第 7.2.3.3 条“厚度低于 38mm 的焊件可不做焊后热处理”的规定。

循环水管道焊接的根部焊缝、凝汽器焊接的背面焊缝焊接前未清根，不符合 DL/T 869—2012《火力发电厂焊接技术规程》第 5.3.11 条“公称直径不小于 1m 的管道或容器的对接接头，采取双面焊接时应采取清根措施。清根后应按第 4.3.1 条的要求将氧化物清除干净”的规定。

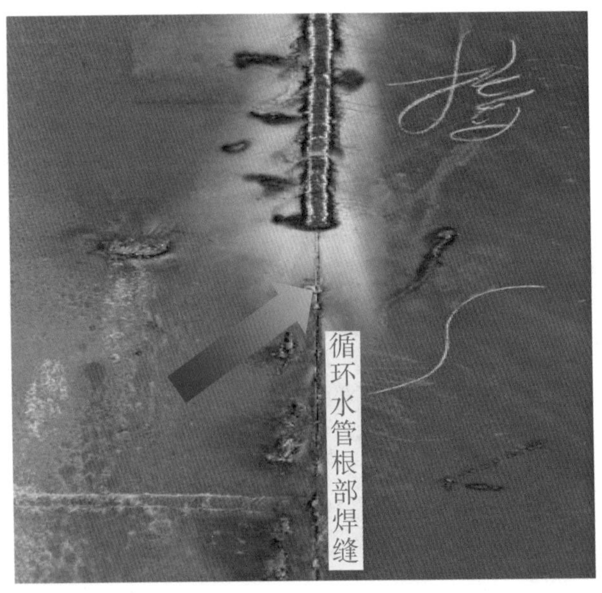

合金钢焊口对口点固时，环境温度和焊前预热不符合 DL/T 869—2012《火力发电厂焊接技术规程》第 5.1.1 条“允许进行焊接操作的最低环境温度要求，BⅡ、BⅢ类钢为 5℃”及第 5.2.2 条表 3 中推荐的“各种钢材施焊的预热及层间温度：12Cr1MoV、12Cr2Mo，200℃ ~ 300℃；T/P91、T/P92，200℃ ~ 250℃”的规定。

12Cr1MoV 管道上的限位装置钢板焊接，未进行焊后热处理，不符合 DL/T 869—2012《火力发电厂焊接技术规程》第 5.4.3 条“下列部件的焊接接头应进行焊后热处理：e）耐热钢管子及管件和壁厚大于 20mm 的普通低合金钢管道（5.4.4、5.4.5 规定内容除外）”的规定。

锅炉合金钢管道上焊接卡块，焊前未清理，焊后未进行热处理，不符合 DL/T 869—2012《火力发电厂焊接技术规程》第 4.3.1 条“焊件在组对前应将坡口表面及附近母材的油、漆、垢、锈等清理干净”及第 5.4.2 条“对容易产生延迟裂纹的钢材，焊后应进行焊后热处理”的规定。

锅炉主蒸汽安全阀阀体与排汽管焊接焊缝存在明显裂纹缺陷，不符合 DL/T 869—2012《火力发电厂焊接技术规程》第 7.1.3 条“焊缝表露缺陷应符合表 8 的要求（裂纹、未熔合不允许）”的规定。

锅炉水冷壁管子鳍片火焰切割时，未见采取防止受热面管子过热的交替作业措施，疑似连续进行切割作业，存在致使受热面管子过热的风险，不符合 DL 5190.2—2019《电力建设施工技术规范 第 2 部分：锅炉机组》第 5.1.19 条“膜式受热面切割时应防止割伤管子”的规定。

不锈钢管子焊接附件区域焊后进行了局部热处理，不符合 DL/T 869—2012《火力发电厂焊接技术规程》第 5.4.5 条“奥氏体不锈钢的管子，采用奥氏体焊接材料焊接，其焊接接头不宜进行焊后热处理”的规定。

施工现场焊条筒敞口，焊条筒损坏，未通电加热保温，不符合 DL/T 869—2012《火力发电厂焊接技术规程》第 3.3.2.9 条“焊接重要部件的焊条，使用时应装入温度为 80℃ ~ 110℃的专用保温筒内，随用随取”的规定。

锅炉顶部焊接作业面风速较大，没有任何遮挡措施，不符合 DL/T 869—2012《火力发电厂焊接技术规程》第 5.1.2 条“应采取防风措施，以确保焊条电弧焊环境风速不大于 8m/s”的规定。

VI　电气篇

第一章 高 压 电 气

室外易积水的线夹、均压环最低部位未打排水孔，不符合 GB 50149—2010《电气装置安装工程 母线装置施工及验收规范》第 3.5.11.3 条“室外易积水的线夹应设置排水孔”及 GB 50147—2010《电气装置安装工程 高压电器施工及验收规范》第 4.2.10 条“均压环应无划痕、毛刺，安装应牢固、平整、无变形；均压环宜在最低处打排水孔”的规定。

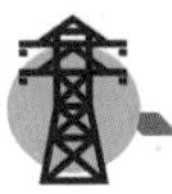

室内全封闭组合电器六氟化硫环境监测装置传感器未安装在设备下方，不符合 JB/T 10893—2008《高压组合电器配电室六氟化硫环境监测系统》第 5.3.1 条“配电室内六氟化硫气体的取样点：在每个间隔的连接处下方设置一个传感器，由于六氟化硫气体的密度约为空气密度的 5 倍，取样点一定要处于盛装六氟化硫气体的罐体下方最低处”的规定。

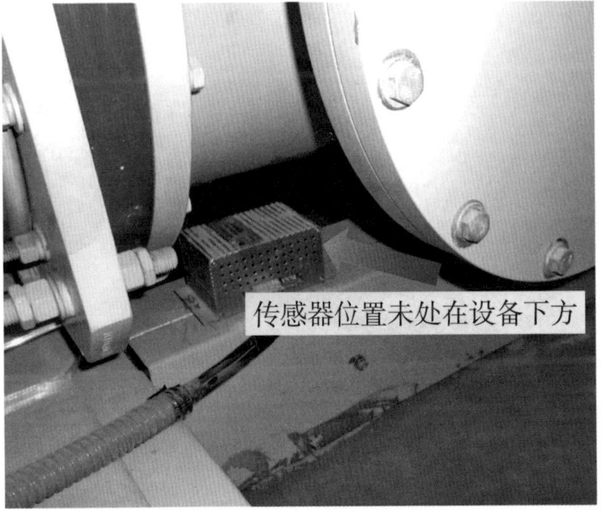

变压器气体继电器观察窗盖未打开，无防雨罩，不符合 GB 50148—2010《电气装置安装工程　电力变压器、油浸电抗器、互感器施工及验收规范》第 4.8.9 条“气体继电器应具备防潮和防进水的功能并加装防雨罩；电缆引线在接入气体继电器处应有滴水弯，进线孔封堵严密，观察窗的挡板处于打开位置”的规定。

户外变压器的压力释放阀、油流速动继电器未加装防雨罩，不符合《防止电力生产事故的二十五项重点要求》(国能安全〔2014〕161号)第12.3.2条“变压器本体保护应加强防雨、防震措施，户外布置的压力释放阀、气体继电器和油流速动继电器应加装防雨罩”的规定。

变压器、电抗器有渗油痕迹，不符合 GB 50148—2010《电气装置安装工程　电力变压器、油浸电抗器、互感器施工及验收规范》第 4.12.1 条“变压器、电抗器本体、冷却装置及所有附件应无缺陷，且不渗油”的规定。

变压器事故放油阀放油口未朝下，不符合 DL/T 572—2010《电力变压器运行规程》第 3.2.1 条“事故放油阀应安装在变压器的下部，且放油口朝下”的规定。

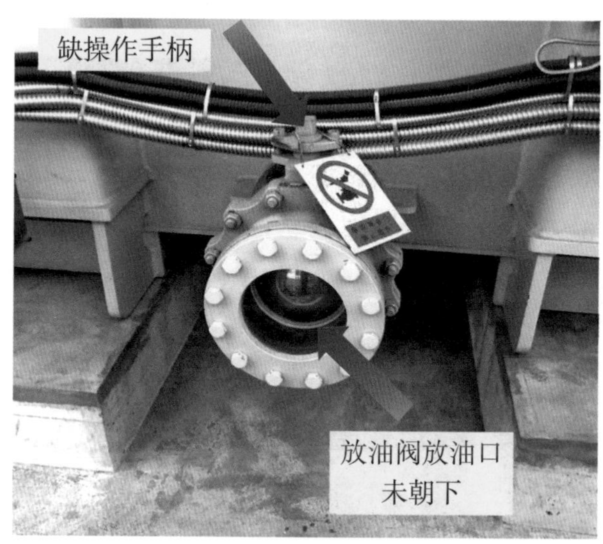

封闭母线外壳与穿墙板之间未安装绝缘密封圈，不符合 GB 50149—2010《电气装置安装工程　母线装置施工及验收规范》第 3.6.3.5 条“穿墙板与封闭母线外壳间，应用橡胶条密封，并应保持穿墙板与封闭母线外壳间绝缘”的规定。

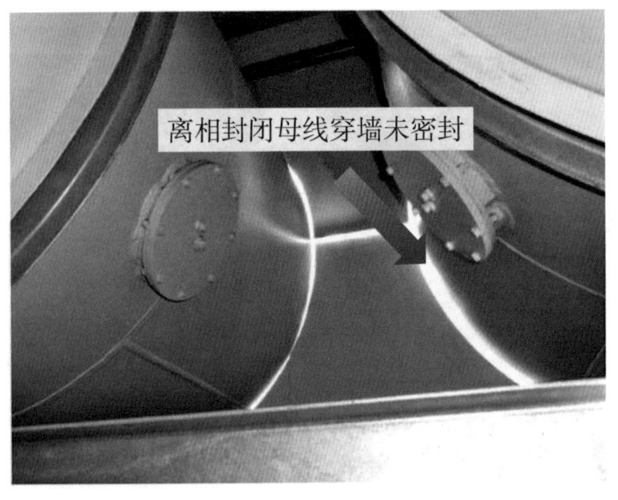

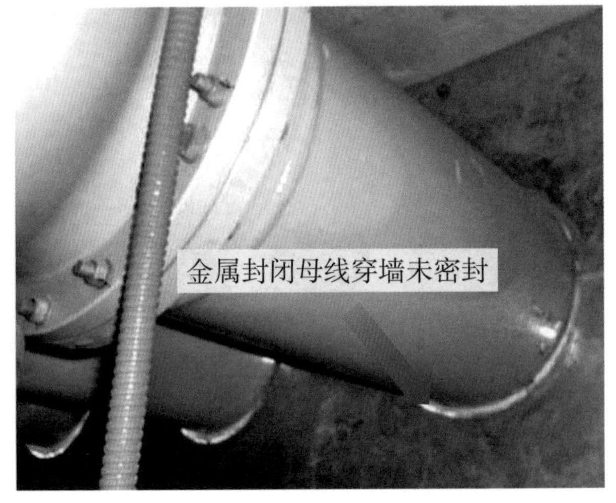

第二章 厂 用 电 气

盘柜后无命名标识，不符合 DL 5277—2012《火电工程达标投产验收规程》第 4.5.1.2 条“盘柜的正面、背面贴有一致的双重命名和编号”的规定。盘柜内备用芯预留长度不整齐，无号头，线芯外露，不符合 GB 50171—2012《电气装置安装工程　盘柜及二次回路接线施工及验收规范》第 6.0.4 条第 6 款“备用芯线应引至盘、柜顶部或线槽末端，并应标明备用标识，芯线导体不得外露”的规定。

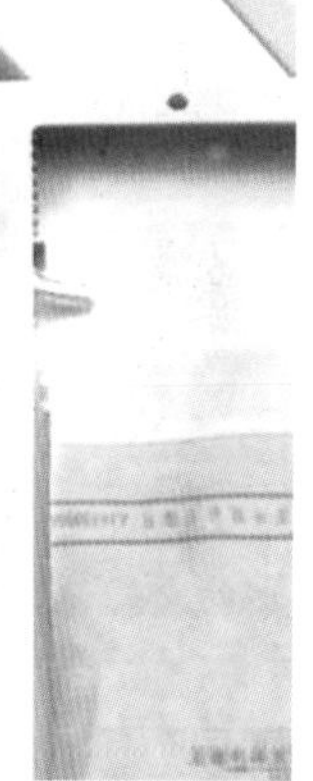

高压开关柜内过电压保护装置高压引线相间碰触，不符合 GB 50149—2010《电气装置安装工程 母线装置施工及验收规范》表 3.1.14–1 室内配电装置的安全净距离中“6kV 电压等级不小于 100mm, 10kV 电压等级不小于 125mm”的规定。

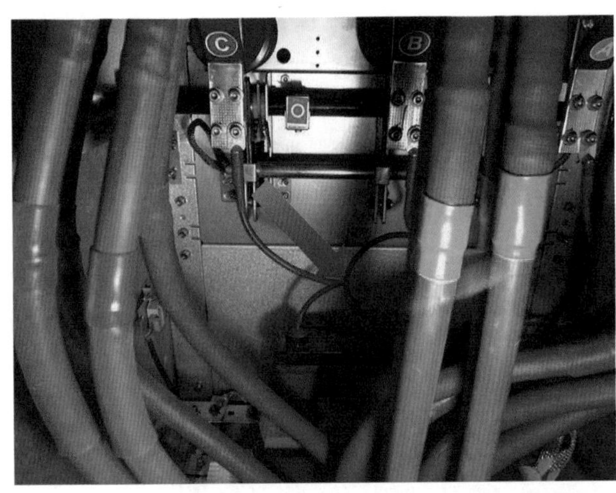

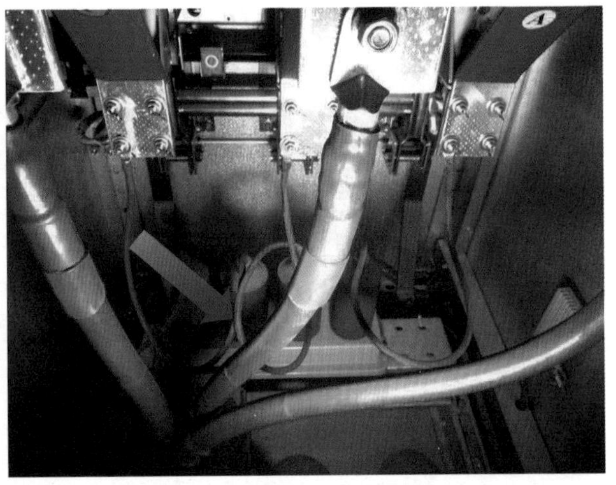

控制箱、照明箱无明显接地，不符合 GB 50169—2016《电气装置安装工程 接地装置施工及验收规范》第 4.2.10.7 条“电气设备的机构箱、汇控柜（箱）、接线盒、端子箱等均应接地明显、可靠”的规定。就地控制箱内接线凌乱，缆线有接头，不符合 GB 50171—2012《电气装置安装工程 盘柜及二次回路接线施工及验收规范》第 6.0.1 条第 3 款“盘、柜内的导线不应有接头”及第 6 款“配线应整齐、清晰、美观”的规定。

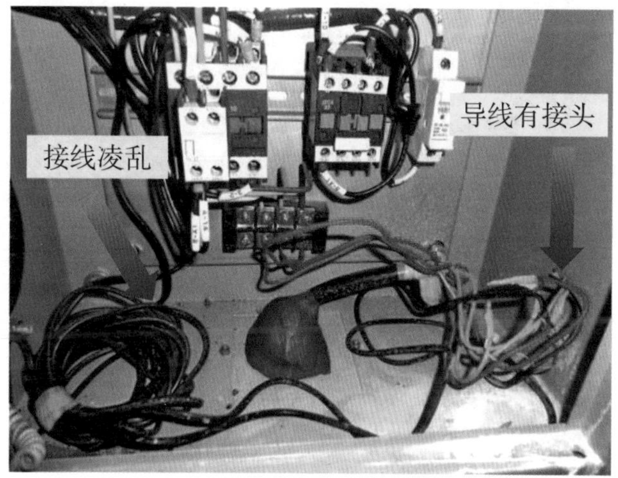

成排安装的按钮之间无间隙，标识不醒目或无命名标识，不符合 GB 50254—2014《电气装置安装工程　低压电器施工及验收规范》第 8.0.2 条“按钮之间的净距不宜小于 30mm，按钮箱之间的距离宜为 50mm ~ 100mm；集中在一起安装的按钮应有编号或不同的识别标志，‘紧急’按钮应有明显标志，并应设保护罩”的规定。

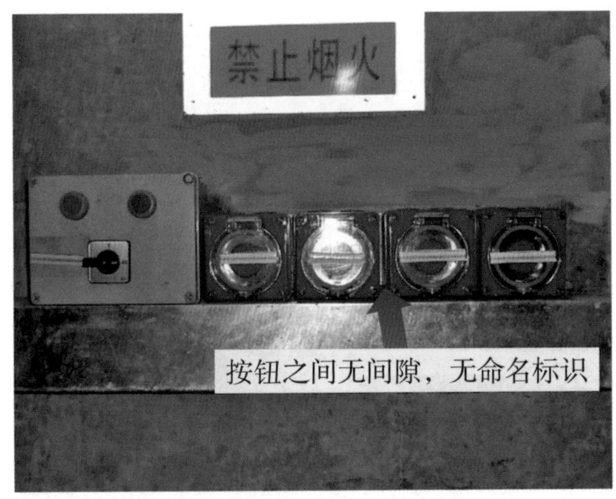

蓄电池组连接电缆正极和负极同处一根电缆，不符合 GB 50217—2018《电力工程电缆设计标准》第 3.5.6.1 条“蓄电池组引出线为电缆时，宜选用单芯电缆，也可采用多芯电缆并联作为一极使用，蓄电池电缆的正极和负极不应共用一根电缆”的规定。

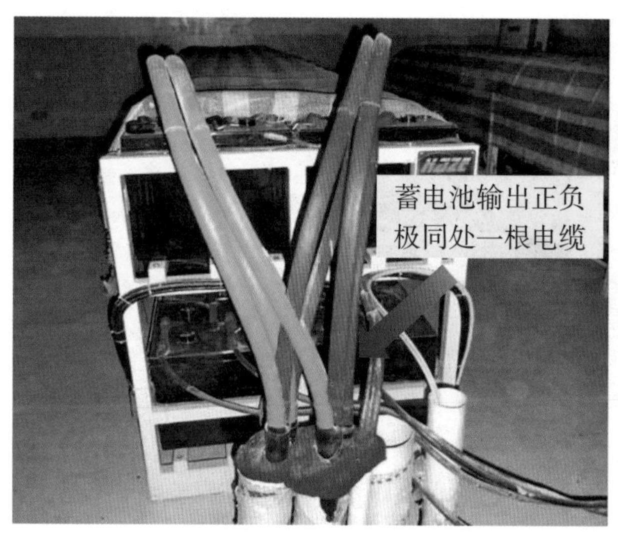

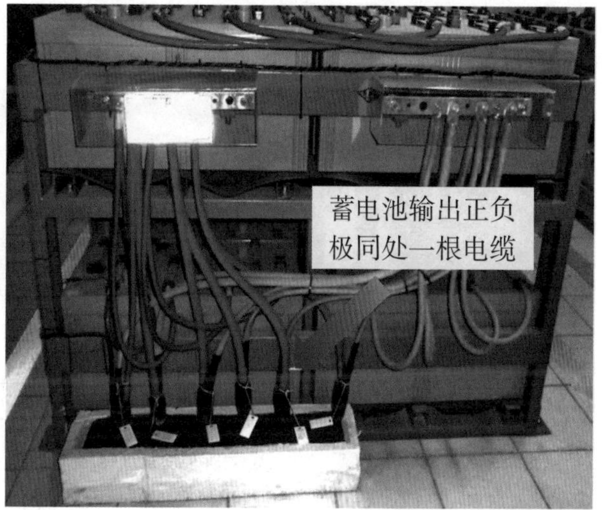

蓄电池组电缆直接与蓄电池极柱相连，不符合 GB 50172—2012《电气装置安装工程　蓄电池施工及验收规范》第 4.1.4 条“蓄电池组电源引出电缆不应直接连接到极柱上，应采用过渡板连接。电缆接线端子处应有绝缘防护罩”的规定。

蓄电池室通风机开关、空调电源控制箱安装在室内，不符合 GB 50172—2012《电气装置安装工程 蓄电池施工及验收规范》第 3.0.7 条“蓄电池室应采用防爆型灯具、通风电机，室内照明线应采用穿管暗敷，室内不得装设开关和插座”的规定。

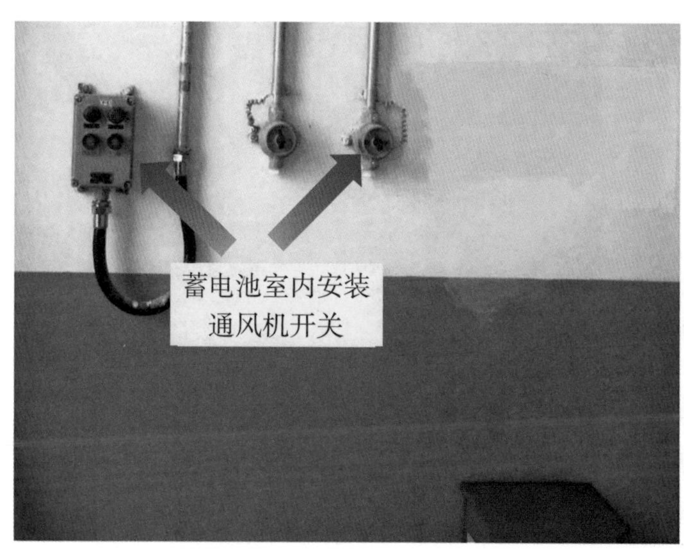

蓄电池室照明灯具布置在蓄电池的正上方，不符合 DL/T 5044—2014《电力工程直流电源系统设计技术规程》第 8.1.4 条“蓄电池室内的照明灯具应为防爆型，且应布置在通道的上方，室内不应装设开关和插座”的规定。

第三章 电 缆 工 程

金属电缆管连接直接对焊，不符合 GB 50168—2018《电气装置安装工程 电缆线路施工及验收标准》第 5.1.7.2 条“金属电缆管不应直接对焊”的规定。电缆管与电缆管之间无间隙，不符合 GB 50217—2018《电力工程电缆设计标准》第 5.4.5.3 条“并列管相互间宜留有不小于 20mm 的空隙”的规定。

电缆桥架嵌入热力管道保温层，不符合 GB 50168—2018《电气装置安装工程　电缆线路施工及验收标准》第 6.4.4 条“电缆与热力管道、热力设备之间的净距，平行时不应小于 1m，交叉时不应小于 0.5m，当受条件限制时，应采取隔热保护措施”的规定。

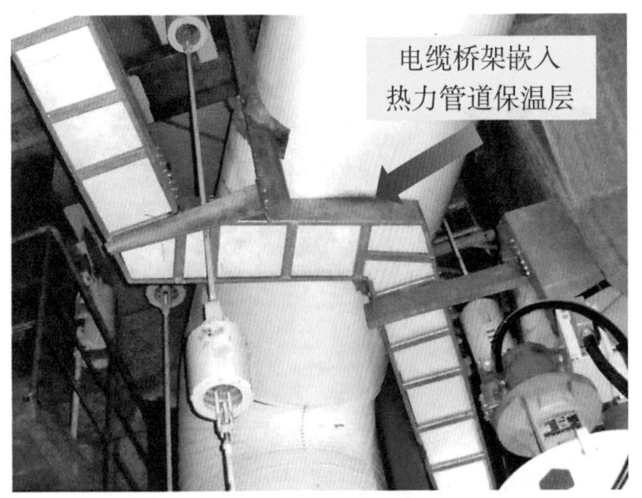

电缆竖井内未设置电缆支架，不符合 GB 50217—2018《电力工程电缆设计标准》第 5.8.2 条“钢制电缆竖井内应设置电缆支架”的规定。电缆竖井内未作防火隔断，不符合 GB 50217—2018《电力工程电缆设计标准》第 7.0.2.5 条“在电缆竖井中，宜按每隔 7m 或建（构）筑物楼层设置防火封堵”的规定。

电缆敷设不整齐，不符合 GB 50168—2018《电气装置安装工程 电缆线路施工及验收标准》第 6.1.17 条“电缆敷设时应排列整齐，不宜交叉，并应及时装设标识牌”的规定。电力电缆终端无预留长度，不符合 GB 50168—2018《电气装置安装工程 电缆线路施工及验收标准》第 6.1.5 条“电力电缆在终端头与接头附近宜留有备用长度”的规定。

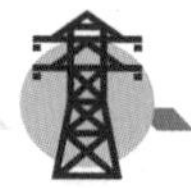

阻火墙阻火包层间未错缝堆砌，穿墙封堵未安装耐火隔板，不符合 DL/T 5707—2014《电力工程电缆防火封堵施工工艺导则》第 5.1.3 条“采用交叉错缝方式堆砌阻火包，阻火包堆叠应整齐、稳固，其厚度与墙体平；测量待封堵的孔洞及电缆桥架的尺寸，按现场实际形状切割耐火隔板，用膨胀螺栓将耐火隔板固定在电缆孔洞墙体上”的规定。

盘柜底部电缆防火封堵不严密，未安装耐火隔板，不符合 DL/T 5707—2014《电力工程电缆防火封堵施工工艺导则》第 7.1.2 条“电缆间隙中填充柔性有机堵料或防火密封胶→电缆外围包绕柔性有机堵料→测量待封堵盘孔尺寸→切割耐火隔板→拼装、固定楼板下部耐火隔板→堆砌阻火包→ 缝隙处填充柔性有机堵料→拼装盘、柜、箱底部耐火隔板→密封整形→涂刷电缆防火涂料→清理现场”的规定。

电缆沟防火墙两侧防火涂料长度小于2m，防火墙上部盖板防火墙标识褪色，不符合GB 50168—2018《电气装置安装工程　电缆线路施工及验收标准》第8.0.3条“防火墙两侧长度不小于2m内的电缆应涂刷防火涂料或缠绕防火包带，防火墙上部的盖板表面宜做明显且不易褪色的标记”的规定。

第四章 设 备 接 地

接地母线焊接工艺差、防腐工艺不规范，不符合 GB 50169—2016《电气装置安装工程 接地装置施工及验收规范》第 4.3.4 条“接地极（线）采用电弧焊连接时应采用搭接焊缝，扁钢为其宽度的 2 倍且不得少于 3 个棱边焊接”及第 4.3.3 条“热镀锌钢材焊接时，在焊痕外最小 100mm 范围内应采取可靠防腐处理”的规定。

接地端子不平整，接触面有缝隙，连接螺栓锈蚀，不符合 GB 50149—2010《电气装置安装工程 母线装置施工及验收规范》第 3.2.1 条“母线应矫正平直，切断面应平整”及 GB 50169—2016《电气装置安装工程 接地装置施工及验收规范》第 4.3.2 条“电气设备上的接地线，应采用热镀锌螺栓连接”的规定。

电缆穿过零序电流互感器，电缆接地线未穿回互感器接地，不符合 GB 50169—2016《电气装置安装工程　接地装置施工及验收规范》第 4.10.5 条“当电缆穿过零序电流互感器时，其金属护层和接地线应对地绝缘且不得穿过互感器接地，即：金属护层接地线未随电缆芯线穿过互感器时，接地线应直接接地；当金属护层接地线随电缆芯线穿过了互感器时，接地线应穿回互感器后接地”的规定。

电缆屏蔽接地线接保护接地排，不符合 GB 50169—2016《电气装置安装工程 接地装置施工及验收规范》第 4.9.5 条“在控制室内屏蔽层应接于保护屏柜内的等电位接地网”的规定。中性线与等电位接地接保护接地排，不符合 GB 50169—2016《电气装置安装工程 接地装置施工及验收规范》第 4.9.3 条“继电保护装置屏柜内的交流电源的中性线不应接入等电位接地网”的规定。

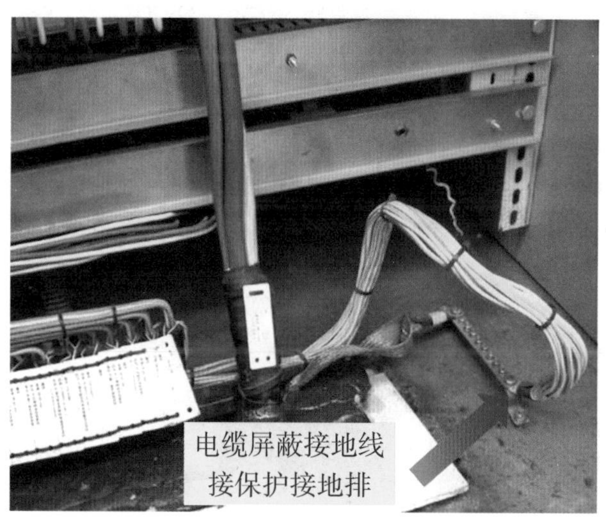

电动机接地线接风罩螺栓、地脚螺栓、吊环螺栓，不符合 GB 50169—2016《电气装置安装工程　接地装置施工及验收规范》第 4.3.11 条“保护接地端子除作保护接地外，不应兼作他用”的规定。

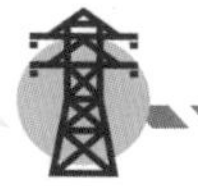

电动机接地线截面过小，不符合 GB 50169—2016《电气装置安装工程　接地装置施工及验收规范》第 4.3.11 条“当电机相线截面积小于 $25mm^2$ 时，接地线应等同相线的截面积；当电机相线截面积为 $25mm^2$ ~ $50mm^2$ 时，接地线截面积应为 $25mm^2$；当电机相线截面积大于 $50mm^2$ 时，接地线截面积应为相线截面积的 50%”的规定。

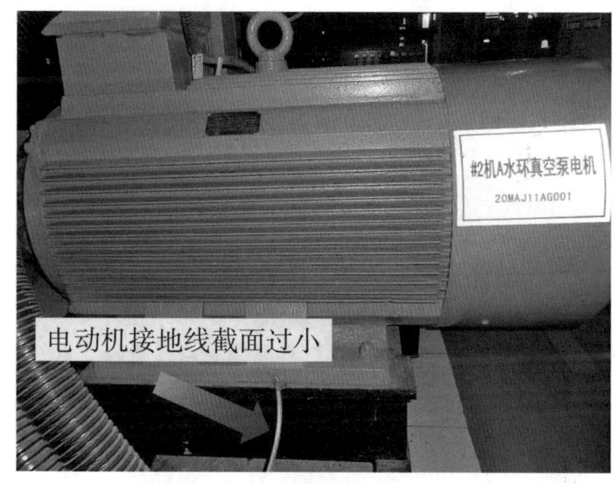

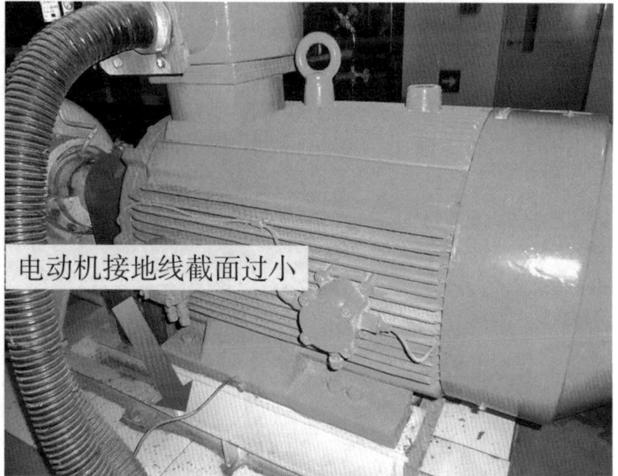

隔离开关、接地开关垂直连杆未接地，不符合 GB 50147—2010《电气装置安装工程　高压电器施工及验收规范》第 8.3.1.10 条“隔离开关、接地开关底座及垂直连杆、接地端子及操动机构箱应接地可靠”的规定。

变压器中性点接地开关底座未接地，不符合 GB 50147—2010《电气装置安装工程　高压电器施工及验收规范》第 8.3.1.10 条“隔离开关、接地开关底座及垂直连杆、接地端子及操动机构箱应接地可靠”的规定。

变压器中性点只有一点接地，不符合 GB 50148—2010《电气装置安装工程　电力变压器、油浸电抗器、互感器施工及验收规范》第 4.12.1.5 条“变压器本体应两点接地，中性点接地引下后应有与主接地网格的不同干线连接的两根接地线，规格应满足设计要求”的规定。

变压器铁芯、夹件接地母线直接与变压器外壳连接，不符合 GB 50169—2016《电气装置安装工程 接地装置施工及验收规范》第 4.2.10 条“变压器的铁芯、夹件与接地网应可靠连接，并便于运行监测接地线中环流”的规定。

第五章 其 他

变压器区域消防沙箱未配置消防铲、消防桶，不符合 DL 5027—2015《电力设备典型消防规程》第 14.3.5 条“消防沙箱容积为 1.0m^3，并配置消防铲，每处 3 把 ~ 5 把，消防沙桶应装满干燥黄沙。消防沙箱、沙桶和消防铲均应为大红色，沙箱的上部应有白色的消防沙箱字样，箱门正中应有白色的火警 119 字样，箱体侧面应标注使用说明”的规定。

光纤复合架空地线引下线、余缆架、中间端子盒未与构架绝缘，不符合 DL/T 1378—2014《光纤复合架空地线（OPGW）防雷接地技术导则》第 6.3.2 条“采用可靠接地方式时，架构上引下的 OPGW 应至少有一点接地，除接地点外 OPGW 外体与架构之间保留不低于 20mm 的距离，OPGW 引下应采用绝缘线夹固定，余缆架和接头盒也应与架构绝缘”的规定。

蓄电池室与相邻配电间安装有门，不符合 DL/T 5044—2014《电力工程直流电源系统设计技术规程》第 8.1.9 条“蓄电池室相邻的直流配电间、电气配电间、电气继电器室的隔墙不应留有门窗及孔洞”的规定。

蓄电池组之间未设置防火隔断，不符合 DL 5027—2015《电力设备典型消防规程》第 10.6.1.3 条“蓄电池室每组宜布置在单独的室内，如确有困难，应在每组蓄电池之间设耐火时间大于 2.0h 的防火隔断”的规定。

Ⅶ　热控篇

第一章 取 源 部 件

两个测点之间的净距小于管道外径，且不足 200mm，不符合 DL 5190.4—2019《电力建设施工技术规范 第 4 部分：热工仪表及控制装置》第 4.1.11 条“相邻两测点之间的距离应大于被测管道外径，且不得小于 200mm”的规定。

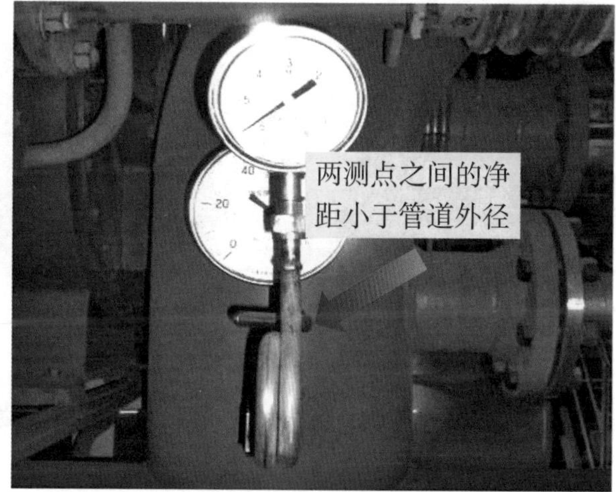

取源短管过短，阀门包裹在保温层内，不符合 DL 5190.4—2019《电力建设施工技术规范　第 4 部分：热工仪表及控制装置》第 4.1.12 条“高压及中压的压力、流量、成分分析取源部件，应加装焊接取源短管，取源短管的外露长度应超过保温层”的规定。

管道同一断面设置两个取源点，不符合 DL 5190.4—2019《电力建设施工技术规范　第 4 部分：热工仪表及控制装置》第 4.1.13 条“在高压及中压管道的同一断面管壁上只允许开一个孔”的规定。

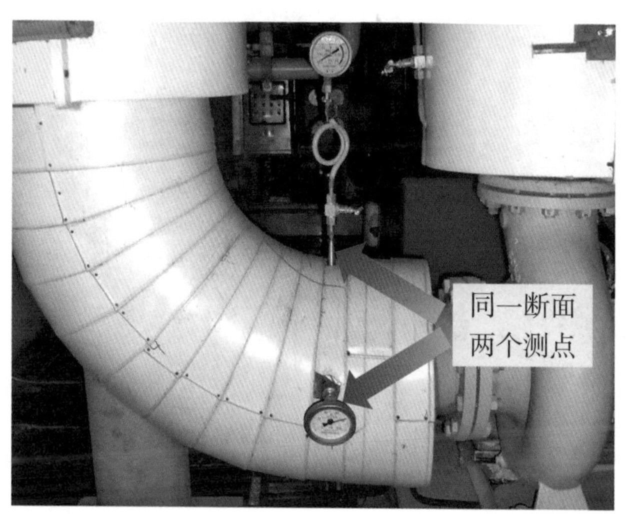

取源插座延长管未露出保温层，仪表被包裹在保温层内，不符合 DL 5190.4—2019《电力建设施工技术规范　第 4 部分：热工仪表及控制装置》第 4.2.7.2 条“对于高、中压设备及管道，若插座全部在保温层内，插座延长管高度不得低于保温层厚度”的规定。

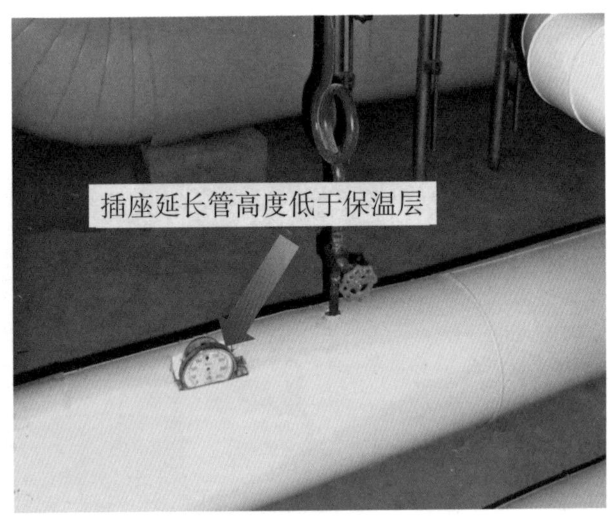

压力式温度计毛细管的弯曲半径小于50mm，不符合DL 5190.4—2019《电力建设施工技术规范 第4部分：热工仪表及控制装置》第4.2.13条“压力式温度计的温包应全部浸入被测介质中。毛细管的敷设应有保护措施，其弯曲半径应不小于50mm，在通过温度较高或有剧烈变化的区域时，应采取隔热措施”的规定。

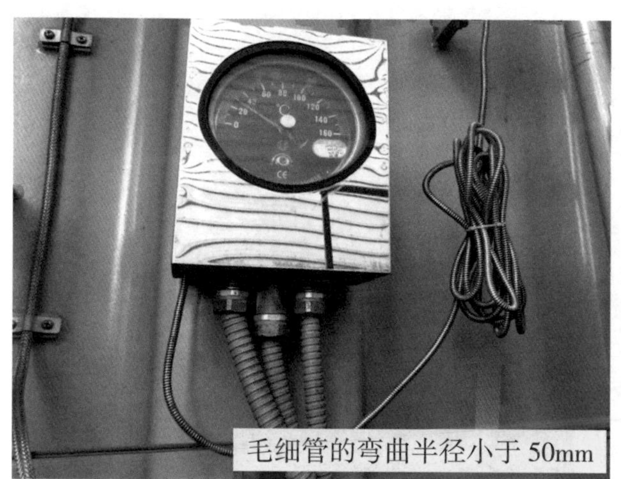

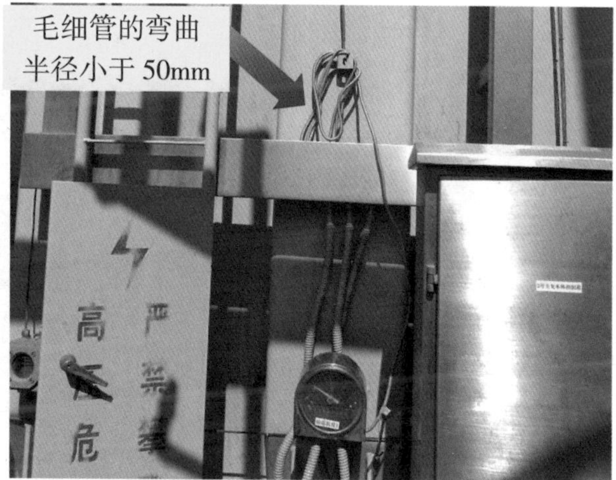

测量管道压力的测点设置在变径、弯头段，不符合 DL 5190.4—2019《电力建设施工技术规范　第4部分：热工仪表及控制装置》第 4.3.1.1 条“测量管道压力的测点，应设置在流速稳定的直管段上，不应设置在有三通、弯头、变径、管道的末端等易产生涡流的部位”的规定。

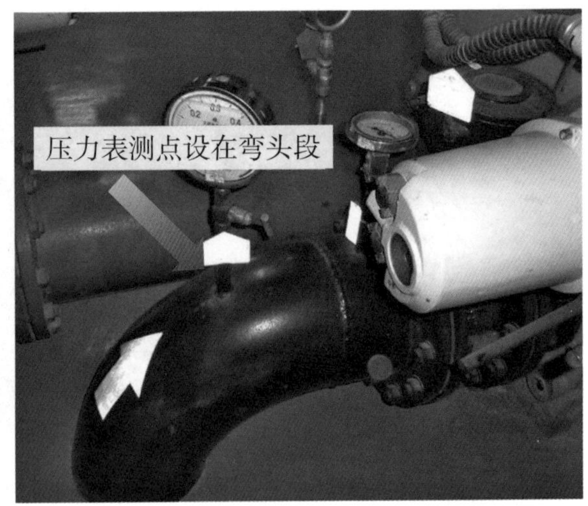

液体压力测点设置在管道、弯头顶部，不符合 DL 5190.4—2019《电力建设施工技术规范　第4部分：热工仪表及控制装置》第 4.3.2 条“测量液体压力时，测点应安装在与管道水平中心线以下呈 0°～45° 夹角的范围内”的规定。

水平管道上安装的节流装置取压孔处于管道底部，不符合 DL 5190.4—2019《电力建设施工技术规范 第 4 部分：热工仪表及控制装置》第 4.4.12 条“在水平或倾斜管道上安装的节流装置，当流体为气体或液体时，取压口的方位应符合：测量气体压力时，测点应安装在管道的上半部；测量蒸汽压力时，测点应安装在管道的上半部或与管道水平中心线以下呈 0° ～ 45° 夹角的范围内”的规定。

第二章 取源管路

仪表管弯曲器与仪表管直径不匹配，仪表管弯头部位凹瘪，不符合 DL 5190.4—2019《电力建设施工技术规范 第 4 部分：热工仪表及控制装置》第 8.2.2 条“仪表管的弯曲半径，金属高压管路应不小于其外径的 5 倍，金属中低压管路应不小于其外径的 3.5 倍，塑料管应不小于其外径的 4.5 倍。管子弯曲后应无裂缝、凹坑，弯曲断面的椭圆度不大于 10%管径”的规定。

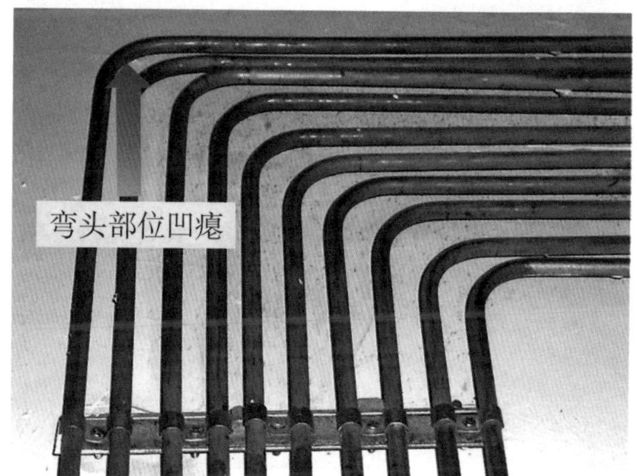

管路分支不采用三通，在管路上直接开孔焊接，不符合 DL 5190.4—2019《电力建设施工技术规范　第 4 部分：热工仪表及控制装置》第 8.2.3 条“管路上需要分支时，应采用与导管相同材质的三通，不得在管路上直接开孔焊接”的规定。

不锈钢管路未与碳钢支架、管卡隔离，不符合 DL 5190.4—2019《电力建设施工技术规范 第 4 部分：热工仪表及控制装置》第 8.3.2 条“不锈钢管路与碳钢支吊架和管卡之间应采取防渗碳隔离措施”的规定。

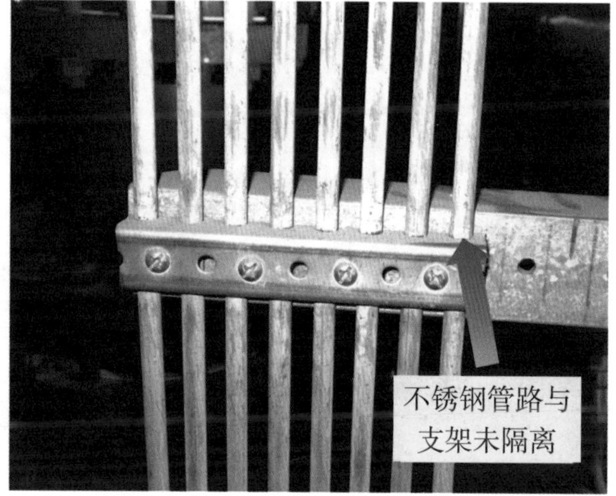

管路支吊架安装间距过大，管路弯曲变形，不符合 DL 5190.4—2019《电力建设施工技术规范　第4部分：热工仪表及控制装置》第 8.3.4 条“管路支架的间距宜均匀，各种管子的支架距离为：无缝钢管——水平敷设时，1m ~ 1.5m；垂直敷设时，1.5m ~ 2.0m”的规定。

管路的排污阀门未设置排水槽或排水槽嵌入土建地坪，不符合 DL 5190.4—2019《电力建设施工技术规范 第 4 部分：热工仪表及控制装置》第 8.1.15 条“管路的排污阀门应装设在便于操作和检修的位置，其排污情况应能监视。排污阀门下应装有排水槽和排水管并引至地沟。排水槽底部应高出地坪”的规定。

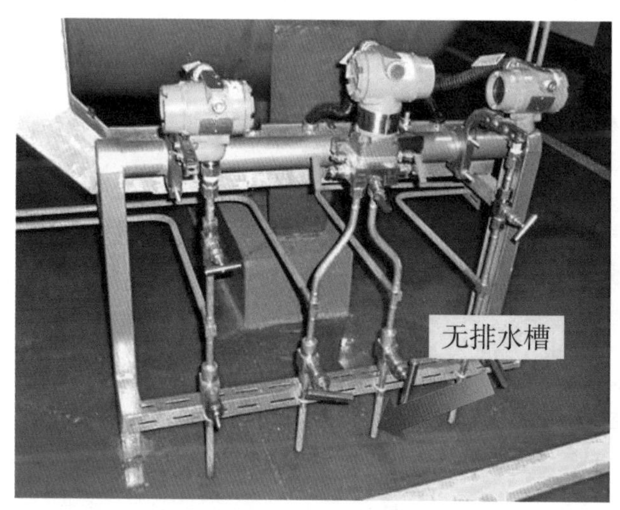

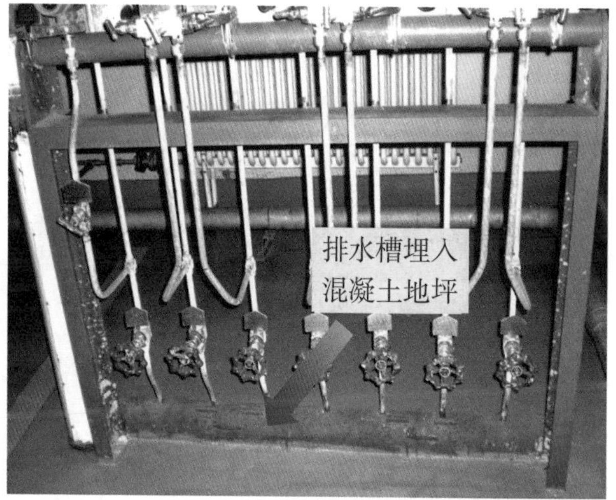

第三章　电　缆　工　程

金属电缆管直接对焊，不符合 DL 5190.4—2019《电力建设施工技术规范　第 4 部分：热工仪表及控制装置》第 7.3.6.1 条“金属电缆管不得直接对焊”的规定。电缆弯曲半径过小，不符合 DL 5190.4—2019《电力建设施工技术规范　第 4 部分：热工仪表及控制装置》第 7.4.14 条第 1 款“无铠装层的电缆，不小于电缆外径的 6 倍”的规定。

电缆桥架采用火焰切割开孔、电缆管采用焊接固定，不符合 DL 5190.4—2019《电力建设施工技术规范 第 4 部分：热工仪表及控制装置》第 7.3.6.4 条“电缆管与电缆桥架、电线槽连接，宜从其侧面用机械加工方法开孔，并使用专用接头固定”的规定。

电子间电缆夹层桥架内电缆过多，电缆逸出桥架，不符合 DL 5190.4—2019《电力建设施工技术规范　第 4 部分：热工仪表及控制装置》第 7.4.12 条“信号电缆、控制电缆与动力电缆宜按自下而上的顺序排列。每层桥架上的电缆可紧靠或重叠敷设，但重叠不宜超过 4 层”的规定。

电缆竖井内未设置电缆支架，不符合 DL 5190.4—2019《电力建设施工技术规范 第 4 部分：热工仪表及控制装置》第 7.2.15 条“钢制电缆竖井内应设置电缆支架”的规定。电缆竖井内未进行防火封堵，不符合 DL 5190.4—2019《电力建设施工技术规范 第 4 部分：热工仪表及控制装置》第 7.4.27 条“电缆沟道、电缆桥架和竖井等采取的防火封堵措施，应符合本规范第 10.2.10 ~ 10.2.14 条的规定”的规定。

电缆桥架嵌入热力管道保温层或紧贴保温层，不符合 DL 5190.4—2019《电力建设施工技术规范　第 4 部分：热工仪表及控制装置》第 7.4.7 条第 2 款“电缆与热力管道之间无隔板防护时，相互间距平行敷设时电缆与热力管道保温应大于 500mm，交叉敷设应大于 250mm，与其他管道平行敷设相互间距应大于 100mm”的规定。

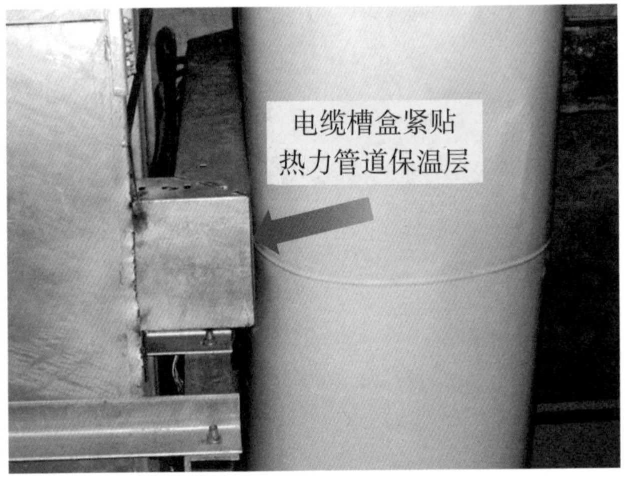

盘柜底部缆线整理不顺直，防火封堵工序未完或耐火板脱落，不符合 DL/T 5707—2014《电力工程电缆防火封堵施工工艺导则》第 7.1.2 条“电缆进盘、柜、箱采用耐火隔板、阻火包封堵工艺流程：清理封堵部位→电缆间隙中填充柔性有机堵料或防火密封胶→电缆外围包绕柔性有机堵料→ 测量待封堵盘孔尺寸→切割耐火隔板→拼装、固定楼板下部耐火隔板→堆砌阻火包→缝隙处填充柔性有机堵料→拼装盘、柜、箱底部耐火隔板→密封整形→涂刷电缆防火涂料”的规定。

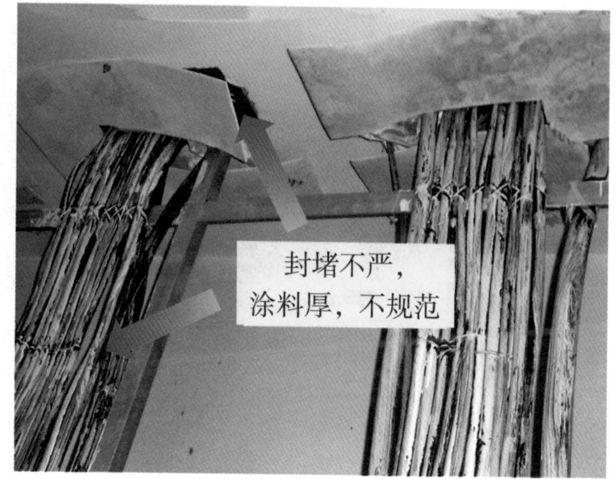

电缆穿墙防火包堆码未错缝，两端未安装防火隔板，不符合 DL/T 5707—2014《电力工程电缆防火封堵施工工艺导则》第 5.1.2 条“电缆穿墙采用耐火隔板、阻火包封堵工艺流程：清理封堵部位→电缆间隙中填充柔性有机堵料或防火密封胶→电缆外围包绕柔性有机堵料→堆砌阻火包→测量封堵孔洞尺寸→切割耐火隔板→拼装、固定耐火隔板→缝隙处填充柔性有机堵料密封→涂刷电缆防火涂料”的规定。

电缆桥架阻火段防火包堆码未错缝，缝隙未用柔型有机堵料密封，不符合 DL/T 5707—2014《电力工程电缆防火封堵施工工艺导则》第 8.1.3 条“电缆桥架采用耐火隔板、阻火包封堵工艺：采用交叉错缝方式堆砌阻火包至桥架顶，设计无要求时应不小于 300mm。堆砌阻火包时，在每层电缆桥架内紧靠电缆上部贯穿阻火段预置柔性有机堵料作为备用电缆通道，以 2 根 ~ 3 根电缆为宜。阻火包堆砌结束后，在阻火包与电缆及槽盒间的缝隙采用柔性有机堵料严密封堵”的规定。

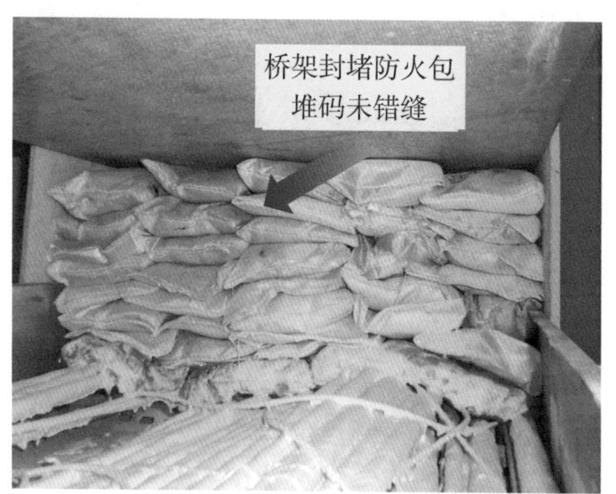

电缆防火涂料涂刷污染相邻设备，涂料厚度不足 1.0mm，不符合 DL 5190.4—2019《电力建设施工技术规范 第 4 部分：热工仪表及控制装置》第 10.2.12 条第 4 款“在电缆或电缆桥架穿过墙壁、楼板、防火墙两侧的电缆应各刷长度不小于 1500mm 的阻燃涂料，涂料厚度不少于 1mm”的规定。

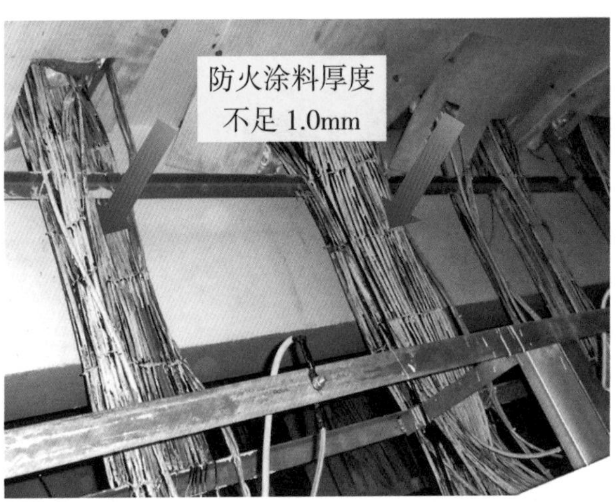

电缆保护软管无卡接头或安装卡接头不紧固，不符合 GB 50168—2018《电气装置安装工程 电缆线路施工及验收规范》第 5.1.7.2 条“采用金属软管及合金接头作电缆保护接续管时，其两端应固定牢固，密封良好”的规定。

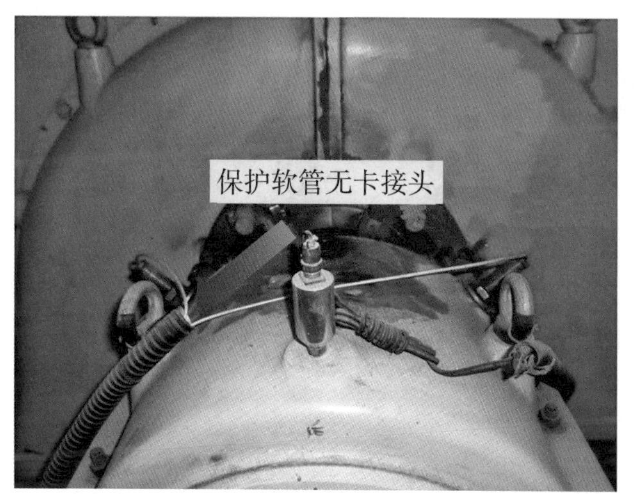

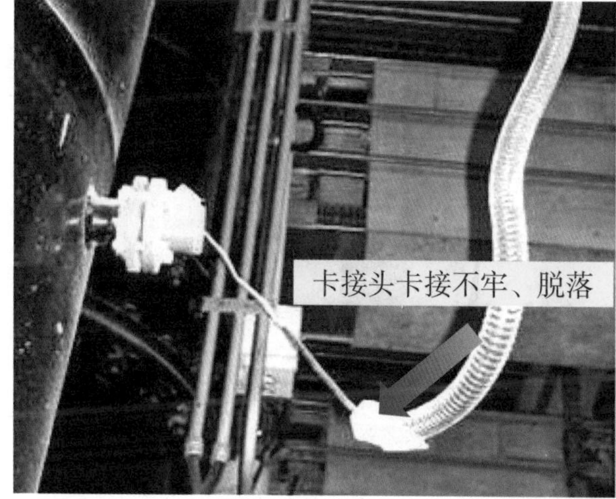

第四章 盘 柜 及 接 地

一个接线鼻子压接线超过 6 根，接线鼻子压接后未搪锡，不符合 DL 5190.4—2019《电力建设施工技术规范 第 4 部分：热工仪表及控制装置》第 9.3.3.4 条“多根电缆屏蔽层的接地汇总到同一柜内接地母线排时，应用截面积不小于 $1mm^2$ 黄绿相间的接地软线压接。压接时接地软线应搪锡处理，屏蔽线宜在柜内接地母线排均匀布置，每个线鼻子内接地软线数量不得超过 6 根”的规定。

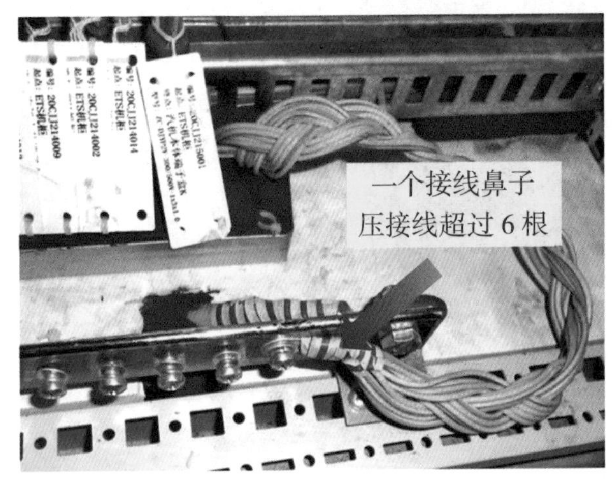

电缆头距离盘柜底部高度不足 200mm，不符合 DL 5190.4—2019《电力建设施工技术规范 第 4 部分：热工仪表及控制装置》第 7.5.2 条“集中布置盘柜电缆头的高度宜保持一致，电缆头距离盘柜底部的高度不宜小于 200mm，分层布置时电缆头距离盘柜底部的高度不宜超过 600mm”的规定。

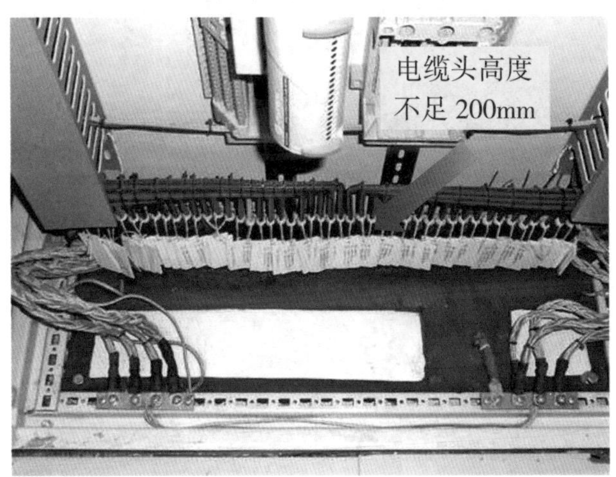

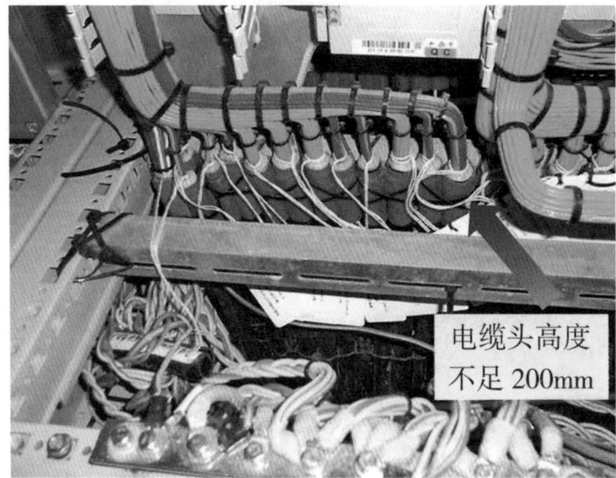

电动执行机构无明显接地，不符合 DL 5190.4—2019《电力建设施工技术规范　第 4 部分：热工仪表及控制装置》第 5.6.15 条“阀门电动装置的检查应符合下列规定：5）电动机可靠接地”的规定。

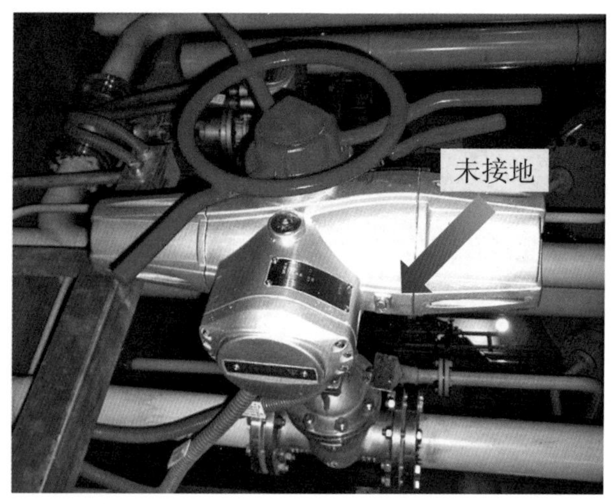

电动执行机构接地线采用单股铜芯胶质线，不符合 GB 50169—2016《电气装置安装工程 接地装置施工及验收规范》第 4.8.5 条“各类设备接地线宜用多股铜导线”的规定。

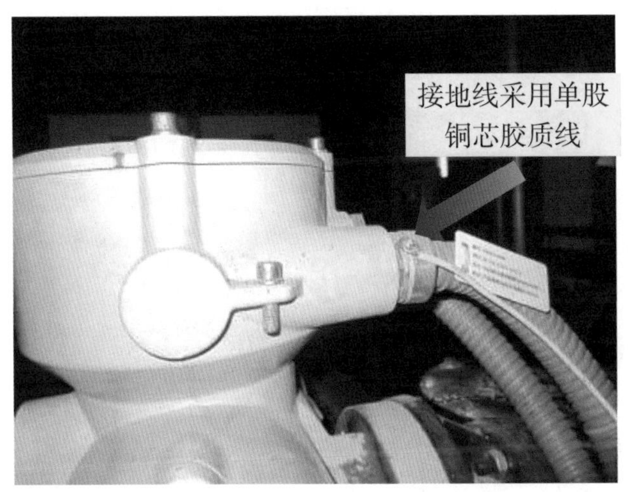

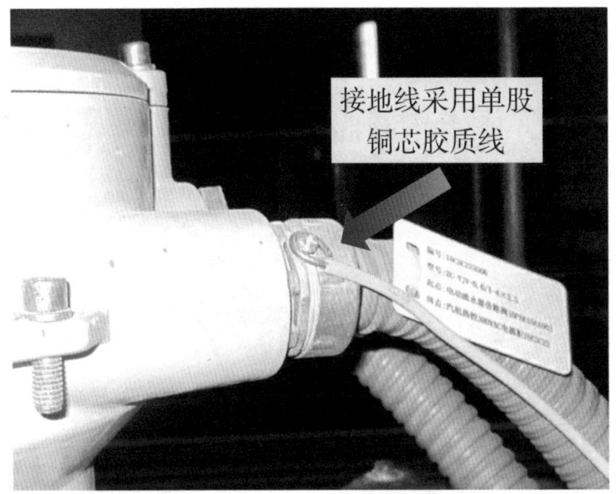

第五章　其　　他

电动执行机构操作手轮与钢结构相碰，不能手动操作，不符合 DL 5190.4—2019《电力建设施工技术规范　第 4 部分：热工仪表及控制装置》第 5.6.3 条“执行机构应安装牢固，动作时无晃动，其安装位置应便于操作和检修，不妨碍通行”的规定。

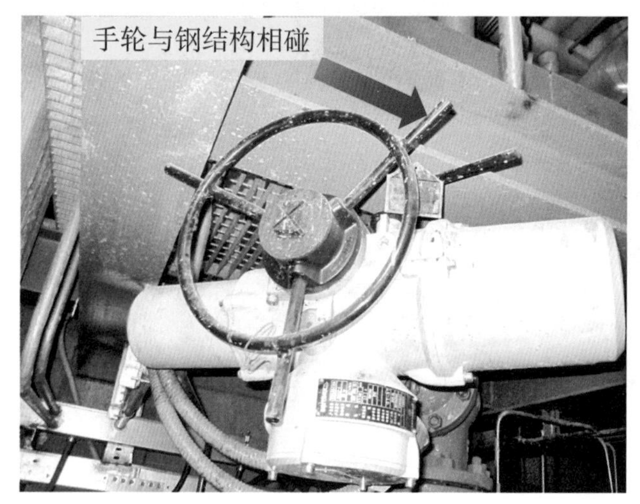

指示仪表安装位置、表面朝向不易观察，不符合 DL 5190.4—2019《电力建设施工技术规范 第 4 部分：热工仪表及控制装置》第 5.2.1 条“指示仪表宜直接安装在取样位置，不易观察时应引出，其刻盘中心距地面的高度宜为：压力表，1.5m；差压计，1.2m”的规定。

安装在露天场所的就地仪表、装置无防雨、防冻、防晒措施，不符合 DL 5190.4—2019《电力建设施工技术规范　第 4 部分：热工仪表及控制装置》第 5.1.5 条“就地仪表安装在露天场所应有防雨、防冻、防晒措施，在有粉尘的场所应有防尘密封措施”的规定。

Ⅷ　调试、指标篇

布置在锅炉炉前的蒸汽吹管集粒器安装位置不当，不符合 DL/T 5054—2016《火力发电厂汽水管道设计规范》第 12.4.4 条“集粒器宜靠近再热器入口，且便于清理，并应设置操作平台”的规定。

锅炉燃油压力测量变送器存在明显的漏油痕迹，变送器箱内存在明显积油，易造成火灾事故，不符合 DL 5027—2015《电力设备典型消防规程》第 7.2.1 条“锅炉的油管、煤粉管等应防止泄漏，要经常检查，发现泄漏，及时消除”的规定。

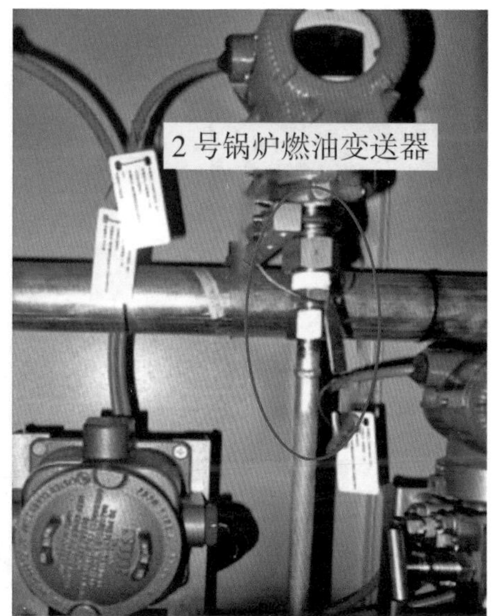

锅炉局部存在明显漏灰或漏粉的痕迹，疑似粉尘超标，不符合 DL 5027—2015《电力设备典型消防规程》第 7.2.1 条“锅炉的油管、煤粉管等应防止泄漏，要经常检查，发现泄漏，及时消除”和 DL 5277—2012《火电工程达标投产验收规程》表 4.6.1 中“6 机组性能试验指标 22）粉尘 6）测试值不大于 GBZ 2.1《工作场所有害因素职业接触限值 第 1 部分：化学有害因素》的规定值”的规定。

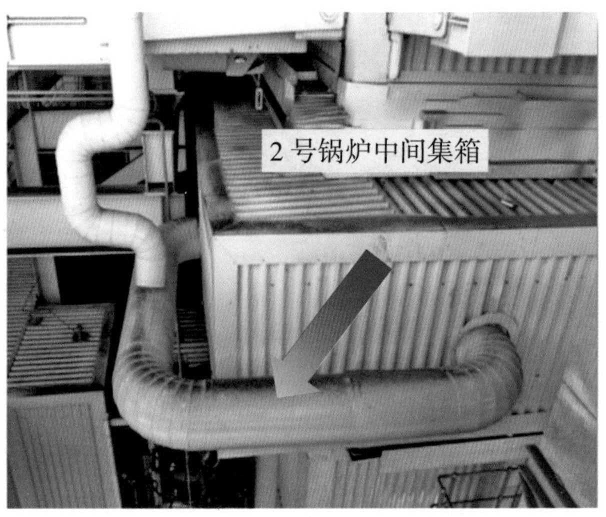

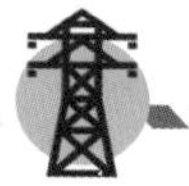

汽轮机、锅炉两侧主蒸汽温度偏差超过 10℃，疑似锅炉燃烧或烟气偏流，不符合《锅炉使用说明书》的规定。

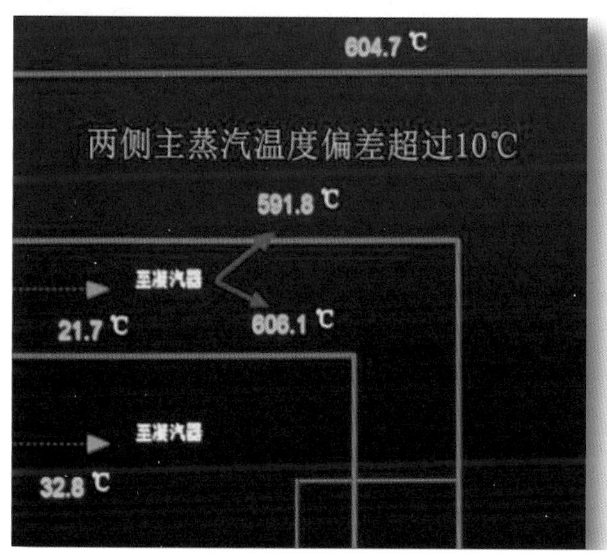

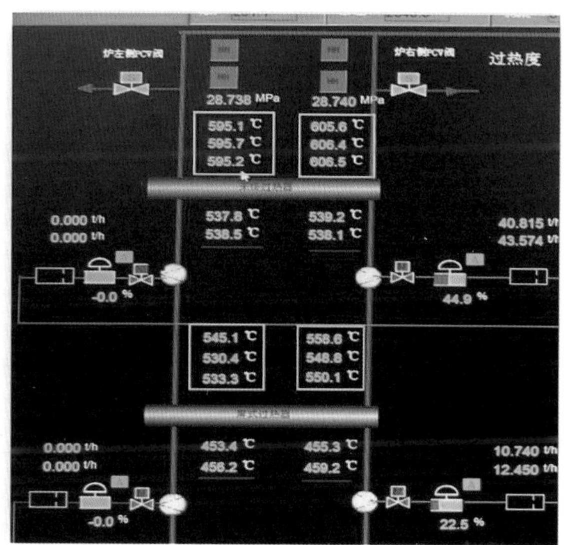

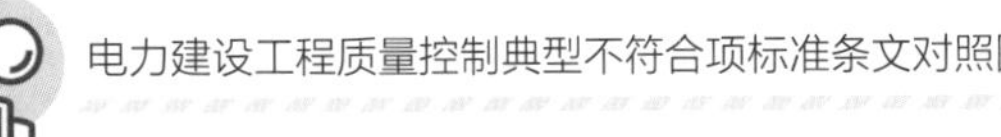

锅炉末级再热器、过热器等壁温超温，不符合《锅炉使用说明书》的规定。

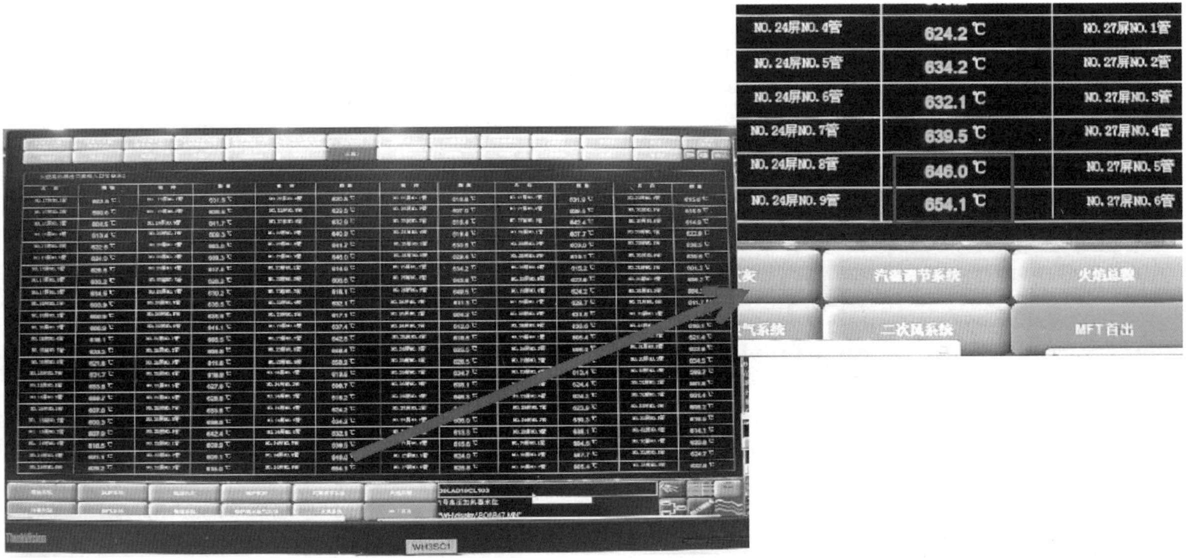

空气预热器 RB 功能未进行动态或静态试验即投入运行，不符合 DL/T 1213—2013《火力发电机组辅机故障减负荷技术规程》第 5.2.3.2 条“e) RB 试验项目宜按设计的功能全部进行，也可按用户要求根据现场条件选择部分项目，但 RB 功能模拟试验应全部进行”的规定。

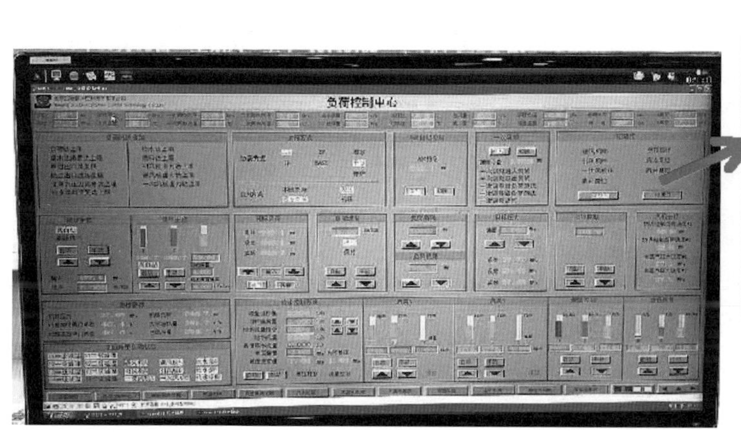

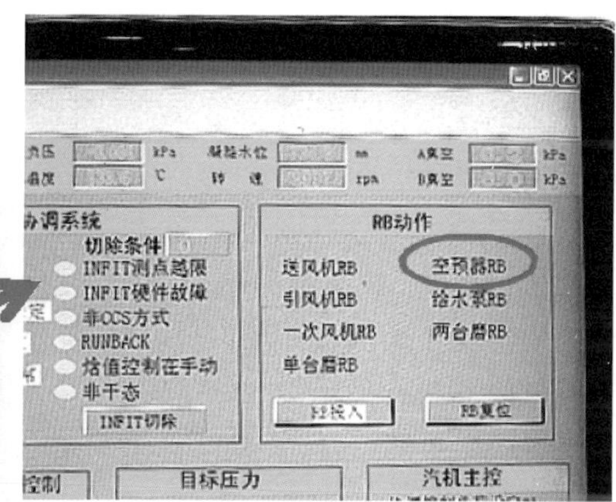

汽轮机密封油箱、润滑油箱感温电缆敷设距离被测油箱较远，不符合 YB 4357—2013《线型光纤感温火灾探测报警系统设计及施工规范》第 3.3.4 条“各类大型可燃气体及液体储罐、大型油浸式变压器等，感温光纤宜采用与被测装置缠绕方式敷设”的规定。

Ⅸ　综合档案篇

工程最后一台机组于 2019 年 5 月 20 日投产发电，调试单位质量管理体系、职业健康安全管理体系和环境管理体系认证证书未在有效期内，不符合 DL 5277—2012《火电工程达标投产验收规程》表 4.7 中第 1 条“监理、设计、施工、调试单位的质量管理体系、职业健康安全管理体系、环境管理体系应通过认证注册，按期监督审核，证书在有效期内”的规定。

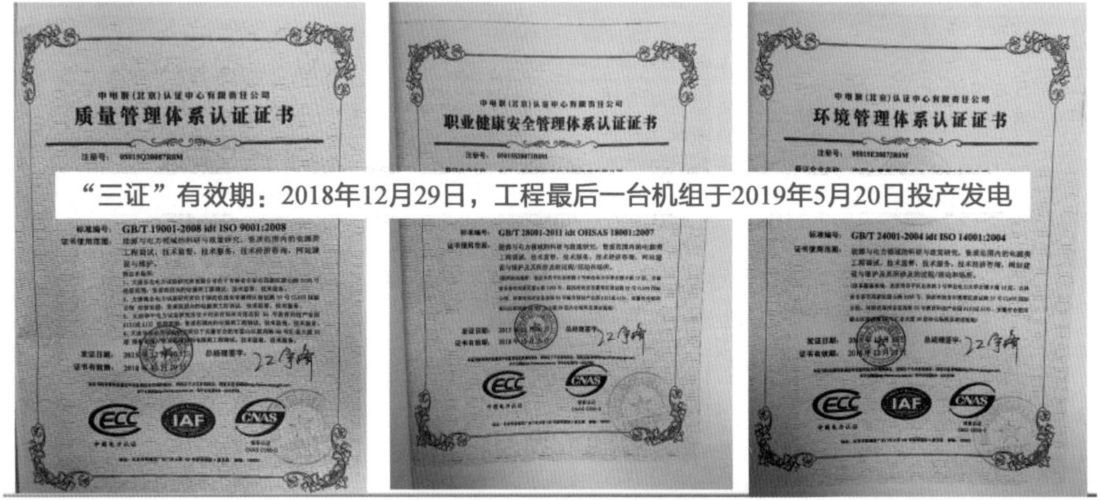

“三证”有效期：2018年12月29日，工程最后一台机组于2019年5月20日投产发电

未提供法人对项目负责人授权书，或项目负责人任命、项目部成立、启用项目部印章的文件未明确主送建设单位，不符合《建筑工程五方责任主体项目负责人质量终身责任追究暂行办法》(建质〔2014〕124号)第二条“开工前明确本单位项目负责人，法定代表人签署授权书”的规定。

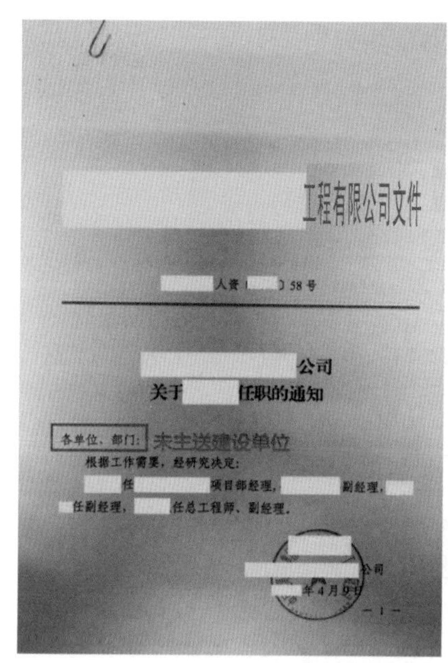

工程有限公司文件

人资〔 〕58号

公司

关于 任职的通知

各单位、部门：

根据工作需要，经研究决定：

任 项目部经理， 副经理， 任副经理， 任总工程师、副经理。

公司

年4月9日

— 1 —

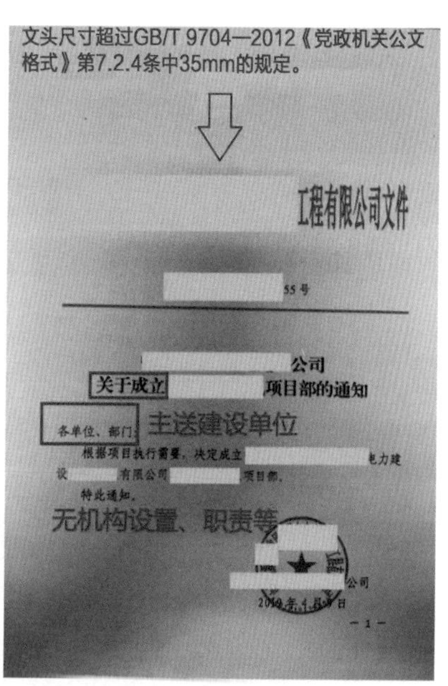

工程有限公司文件

55号

公司

关于成立 项目部的通知

各单位、部门：

根据项目执行需要，决定成立 电力建设 有限公司 项目部。

特此通知。

公司

— 1 —

未见施工单位项目负责人终身质量承诺书，监理单位项目负责人终身质量承诺书信息不完整，终身质量承诺书、法人授权书内容有“杠改”，不符合《建筑工程五方责任主体项目负责人质量终身责任追究暂行办法》（建质〔2014〕124 号）第五条“监理单位总监理工程师应当按照法律法规、有关技术标准、设计文件和工程承包合同进行监理，对施工质量承担监理责任”和第八条“项目负责人应当在办理工程质量监督手续前签署工程质量终身责任承诺书”的规定。

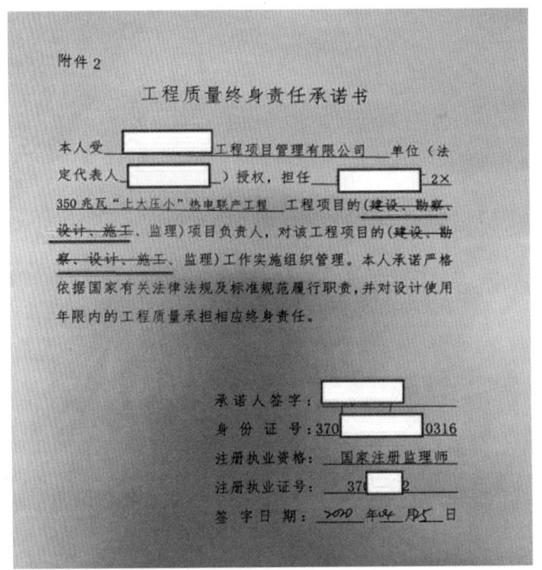

附件 2

工程质量终身责任承诺书

本人受______工程项目管理有限公司______单位（法定代表人______）授权，担任______2×350 兆瓦“上大压小”热电联产工程 工程项目的（~~建设、勘察、设计、施工~~、监理）项目负责人，对该工程项目的（~~建设、勘察、设计、施工~~、监理）工作实施组织管理。本人承诺严格依据国家有关法律法规及标准规范履行职责，并对设计使用年限内的工程质量承担相应终身责任。

承诺人签字：______

身 份 证 号：370______0316

注册执业资格：国家注册监理师

注册执业证号：37______2

签 字 日 期：2020 年 04 月 25 日

法人对项目经理的授权文件信息不完整、未签名，单位负责人（不是法人）越权授权他人，不符合《建筑工程五方责任主体项目负责人质量终身责任追究暂行办法》（建质〔2014〕124号）第十条“建设单位应当建立建筑工程各方主体项目负责人质量终身责任信息档案”的规定。

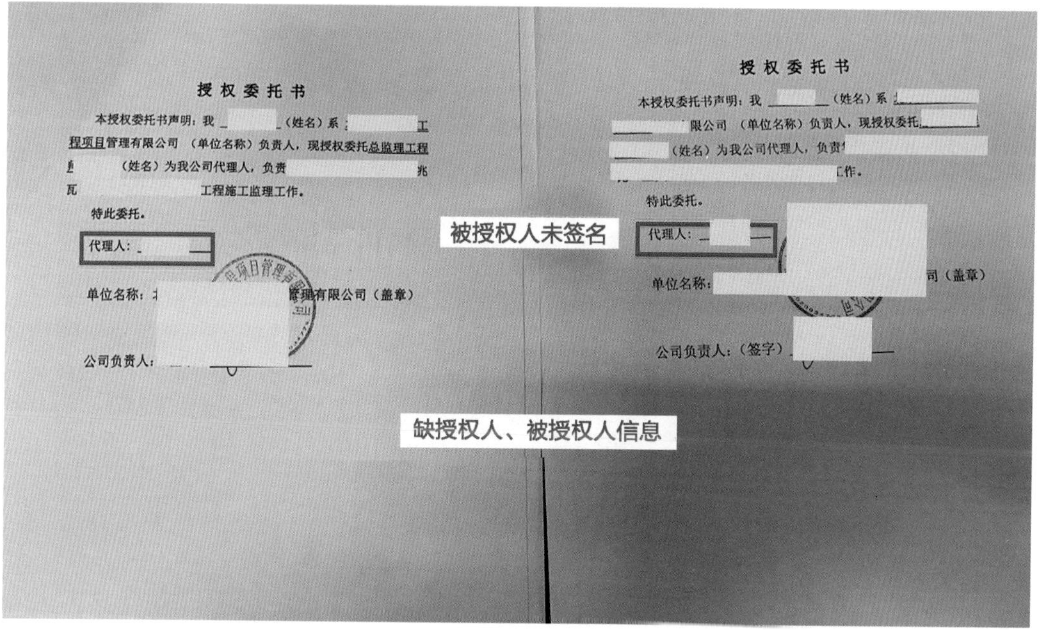

授权委托书

本授权委托书声明：我＿＿（姓名）系＿＿工程项目管理有限公司（单位名称）负责人，现授权委托总监理工程＿＿（姓名）为我公司代理人，负责＿＿工程施工监理工作。

特此委托。

代理人：＿＿

单位名称：＿＿管理有限公司（盖章）

公司负责人：＿＿

授权委托书

本授权委托书声明：我＿＿（姓名）系＿＿限公司（单位名称）负责人，现授权委托＿＿（姓名）为我公司代理人，负责＿＿工作。

特此委托。

代理人：＿＿

单位名称：＿＿司（盖章）

公司负责人：（签字）＿＿

被授权人未签名

缺授权人、被授权人信息

工程档案中创优策划文件质量目标不统一，且与工程实际情况不符，不符合 DL/T 241—2012《火电建设项目文件收集及档案整理规范》第 6.4.1 条“项目文件应齐全、完整、准确；其内容真实、可靠，与工程实际相符合”的规定。

第八章　质量目标、质保体系及质量保证措施

1．质量目标

杜绝重大质量事故；

有效控制质量通病；

满足国家、行业规程规范要求，质量合格，获得　　　　优质工程金奖。

3．创优总目标

实现　　　生活垃圾焚烧发电新建工程高水平双达标投产，确保取得中国电力优质工程奖，争创“天府杯”。

4．创优子目标

4.1 确保高水平双达标投产，工程质量评价总得分确保 85 分以上，力争 92 分以上；

个别标准已过期（如《混凝土结构工程施工质量验收规范》等），不符合 DL 5277—2012《火电工程达标投产验收规程》表 4.7 中第 1 条“建立本工程有效的技术标准清单，实施动态管理”的规定。

工程建设执行的有效标准规范清单（2018）

一、 国家标准 GB、GB/T

序号	标准名称	标准编号	实施日期	有效性
1	工程测量规范	GB50026-2007	2008-05-01	GB50026-93 作废
2	普通混凝土长期性能和耐久性能试验方法标准	GB/T50082-2009	2010-07-01	有效
3	沥青路面施工及验收规范	GB50092-96	1997-05-01	有效
4	混凝土外加剂应用技术规范	GB50119-2003	2003-09-01	有效
5	给水排水构筑物工程施工及验收规范	GB50141-2008	2009-05-01	GBJ141-90 作废
6	混凝土结构试验方法标准	GB/T50152-2012	2012-08-01	GB50152-92 作废
7	混凝土质量控制标准	GB50164-2011	2012-05-01	GB50164-92 作废
8	火灾自动报警系统施工及验收规范	GB50166-2007	2008-03-01	GB50166-92 作废
9	电气装置安装工程电缆线路施工及验收规范	GB50168-2006	2006-11-01	GB50168-92 作废
10	电气装置安装工程接地装置施工及验收规范	GB50169-2006	2006-11-01	GB50169-92 作废
11	建设工程施工现场供用电安全规范	GB50194-93	1994-08-01	有效
12	高强混凝土应用技术规程	GB50201-2012	2012-08-01	有效
13	建筑地基基础工程施工质量验收规范	GB50202-2002	2002-05-01	有效
14	砌体结构工程施工质量验收规范	GB50203-2011	2012-05-01	GB50203-2002 作废
15	混凝土结构工程施工质量验收规范（2011 版）	GB50204-2002 局部修订	2011-08-01	局部修订
16	屋面工程质量验收规范	GB50207-2012	2012-10-01	GB50207-2002 作废
17	地下防水工程质量验收规范	GB50208-2011	2012-10-01	GB50208-2002 作废
18	建筑地面工程施工质量验收规范	GB50209-2010	2010-12-01	GB50209-2002 作废
19	建筑装饰装修工程质量验收规范	GB50210-2001	2002-03-01	有效
20	建筑防腐蚀工程施工及验收规范	GB50212-2002	2003-03-01	GB50212-91 作废
21	砌体基本力学性能试验方法标准	GB/T50129-2011	2012-03-01	GBJ129-90 作废
22	建筑防腐蚀工程施工质量验收规范	GB50224-2010	2011-02-01	GB50224-95 同时作废
23	工程测量基本术语标准	GB/T50228-2011	2012-06-01	GB/T50228-96
24	建筑工程施工质量验收统一标准	GB50300-2001	2002-01-01	有效

岩土勘测报告编写人、地基验槽勘察单位签审人未提供执业证书，不符合《建设工程质量管理条例》第十九条“注册执业人员应当在设计文件上签字，对设计文件负责”和《建筑工程勘察单位项目负责人质量安全责任七项规定》（建市〔2015〕35 号）“甲乙级岩土工程勘察的项目负责人应由注册土木工程师（岩土）担任”的规定。

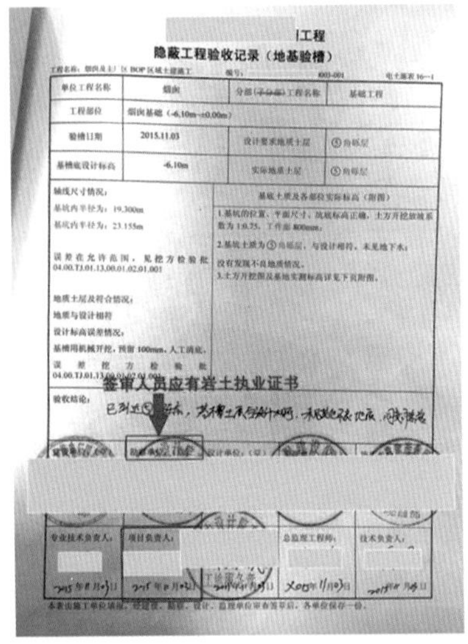

工程

隐蔽工程验收记录（地基验槽）

单位工程名称	烟囱	分部（子分部）工程名称	基础工程
工程部位	烟囱基础（-6.10m~±0.00m）		
验槽日期	2015.11.03	设计要求地质土层	⑤角砾层
基槽底设计标高	-6.10m	实际地质土层	⑤角砾层

签审人员应有岩土执业证书

院有限公司

院有限公司文件签署页

检索号	S-G01-01	版次	
文件名	岩土工程勘测报告书　　基础）	页数	
附　件		页数	

编　制		未提供编写人执业证书
校　核		
会　签		
审　核		
批　准		

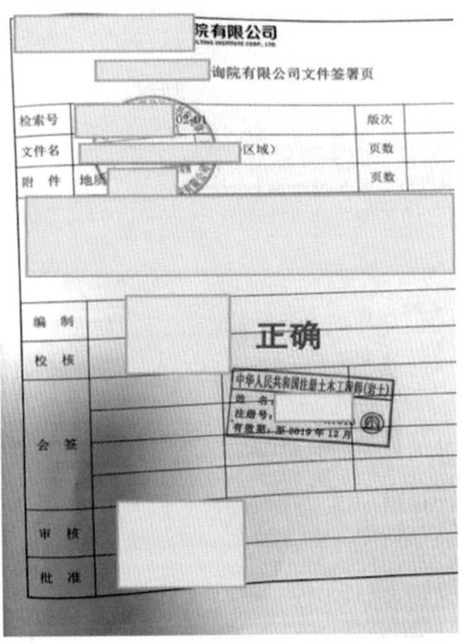

院有限公司

询院有限公司文件签署页

检索号		版次	
文件名	区域）	页数	
附　件	地质	页数	

编　制		正确
校　核		中华人民共和国注册土木工程师（岩土）
会　签		
审　核		
批　准		

设计变更通知单附图数量不清，不符合 DL/T 241—2012《火电建设项目文件收集及档案整理规范》第 6.4.1 条“项目文件应齐全、完整、准确、系统，签章手续完备”的规定。

设计院设计变更通知单

ES-A-08-QM-2003-R02

项目名称	工程			提出单位	电力设计院有限公司
专　业	土建	通知单编号	T-023	提出日期	2016年11月08日
卷册名称	送风机室结构图			卷册编号	60-F1164S-T041003
修改原因（打√）	1）不符合法规，规范（ ）4）设计差错（ ）7）施工单位要求（ ） 2）设计漏项（ ）5）接口差错（ ）8）外专业提供资料与最终情况不符（√） 3）设计方案不合理（ ）6）业主新要求（ ）9）院外提供资料与最终情况不符（ ）				

修改内容：

1、根据建筑最新资料，1.20m以上所有梁、柱挑耳全部取消，增加压型钢板埋件，详见附图 ？

1、2云线部分。

附图数量不清

建筑：

设计单位

工地代表

工代负责人

项目主工

项目经理（总工程师）

项目总工程师

主管院长

施工验收记录内容填写不完整，缺报告编号，不符合 DL/T 241—2012《火电建设项目文件收集及档案整理规范》第 6.4.1 条“项目文件应齐全、完整、准确、系统，签章手续完备”的规定。

主厂房系统电缆防火与阻燃分项工程质量验收表

2号 机组　　表号：DL/T5161.1　表 4.0.2　　工程编号：02-00-16-06-01

安装位置	汽机房				
工序	检验项目	性质	质量标准	质量验收结果	单项结论
材料检验	防火材料型号及材质		符合设计文件要求，鉴定资料齐全	符合要求 报告编号？	合格
耐火封闭槽盒设置			符合设计文件要求	符合要求	合格
防火封堵部位			符合 GB 50168 规定及设计文件要求	符合要求	合格
防火材料施工工艺				符合要求	合格
防火封堵支架安装			牢固可靠，且符合设计要求	符合要求	合格
盘柜孔洞封堵	耐火衬板安装	主控	牢固	牢固	合格
	防火堵料	主控	密实，无缝隙	密实，无缝隙	合格
	其他材料		符合产品技术文件要求	符合要求	合格
穿墙（楼板）孔洞封堵	防火隔板安装		牢固，不透光亮	牢固，不透光亮	合格
	防火包		填实，无缝隙	填实，无缝隙	合格
	防火堵料	主控	密实，不透光亮	密实，不透光亮	合格
	其他材料		符合产品技术文件要求	符合要求	合格
阻火隔墙安装	阻火隔墙设置	主控	符合设计文件要求	符合要求	合格
	防火包		填实，无缝隙	填实，无缝隙	合格
	防火堵料	主控	密实，无缝隙	密实，无缝隙	合格
	其他材料		符合产品技术文件要求	符合要求	合格
电缆桥架封堵	防火隔板安装	主控	牢固，不透光亮	牢固，不透光亮	合格
	防火包		填实，无缝隙	填实，无缝隙	合格
	防火堵料	主控	密实，无缝隙	密实，无缝隙	合格
	其他材料		符合产品技术文件要求	符合要求	合格
电缆竖井封堵	防火隔板安装	主控	牢固，不透光亮	牢固，不透光亮	合格
	防火包		填实，无缝隙	填实，无缝隙	合格
	防火堵料	主控	密实，无缝隙	密实，无缝隙	合格
	其他材料		符合产品技术文件要求	符合要求	合格
其他	防火涂料或阻火包带使用		电力电缆接头两侧 3m 长区段及相邻电缆表面	符合要求	合格
			阻火隔墙两侧电缆 1.5m 长区段	符合要求	合格
			防火涂料按使用说明涂刷，厚度不小于 1mm	符合要求	合格
	防火包带 绕包		绕包搭接均匀，层间无空隙褶皱，并符合产品技术文件要求	符合要求	合格
	防火包带 固定		绑扎牢固	符合要求	合格
	电缆导管封堵	主控	管口封堵严密，堵料凸起 2mm～5mm	符合要求	合格

验收结论：合格

验收单位签字

施工单位	2020 年 06 月 25 日
监理单位	2020 年 06 月 26 日

门、孔浇筑检验批施工质量验收表

2号机组　　表 13.2.1　　性质：一般　　工程编号：02-GL-08-02-01-01

分项工程名称	门、孔及其它部位浇筑					
工序	检验项目	性质	单位	质量标准	质量检验结果	结论
材料检查	耐火材料检验	主控		技术指标及有效期应符合设计和厂家技术文件要求；有效期无要求时不应超过 6 个月	见抽检报告 ？？	合格
筋配制和绑扎	钢筋材质检查	主控		符合技术文件规定	见光谱检查报告	合格
	锚固件清理和涂刷沥青			油垢清除干净，沥青涂刷均匀	油垢清除干净，沥青涂刷均匀	合格
	焊接和绑扎	主控		焊接和绑扎牢固	焊接和绑扎牢固	合格
	间距（长、宽）尺寸偏差		mm	±5	+3	合格
耐火混凝土浇筑	混凝土试块检验			有设计时，符合设计指术指标要求；无设计时，符合相应材料标准要求	见抽检报告	合格
	混凝土配合比误差 水泥和掺和料		%	±2	+2	合格
	混凝土配合比误差 粗、细骨料		%	±5	+4	合格
	施工部位杂物清除	主控		清除干净	清除干净	合格
	混凝土捣固	主控		均匀密实	均匀密实	合格
	混凝土表面			无蜂窝、麻面、孔洞、裂纹	无蜂窝、麻面、孔洞、裂纹	合格
	混凝土养护			符合 DL5190.2-2012 中 12.3.10 条规定	自然养护	合格
定型耐火砖砌筑	砌筑	主控		不得使用半块及以下的砖，不得双向切割砖，砌筑应牢固，锁砖数量应符合要求。	砌筑牢固，锁砖数量符合要求	合格
	砌体错缝砌筑	主控		符合设计及符合设备技术文件要求，相临砖层应错缝	相临砖层错缝	合格
	保温料填塞			填充均匀、密实。	填充均匀、密实	合格
	灰浆缝		mm	2～5，灰浆饱满度应大于 75%，耐火砖缝应钩缝	3，灰浆饱满度 90%，耐火砖缝钩缝	合格
内堵	圆形内堵直径误差		mm	±3	−2	合格
	方形内堵 单块长度误差		mm	±2	−2	合格
	方形内堵 数量			符合设计要求	符合设计要求	合格
	方形内堵 堆砌方式			符合设计要求，应错缝	错缝堆砌	合格

验收结论：合格

	签　字
验收人员	2019年08月10日
施工单位	2019年08月10日
监理单位	年　月　日
制造单位	/　年　月　日
设计单位	/　年　月　日
建设单位	/　年　月　日

检测报告盖章不完备，不符合 DL/T 241—2012《火电建设项目文件收集及档案整理规范》第 6.4.1 条“项目文件应齐全、完整、准确、系统，签章手续完备”的规定。

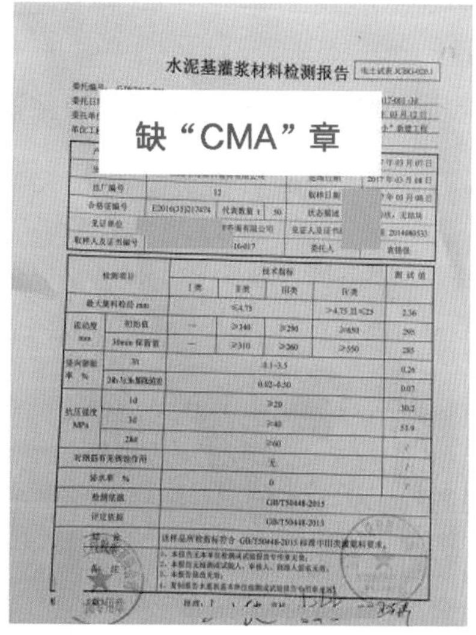

竣工验收记录盖章签字不完备，不符合 DL/T 241—2012《火电建设项目文件收集及档案整理规范》第 6.4.1 条“项目文件应齐全、完整、准确、系统，签章手续完备”的规定。

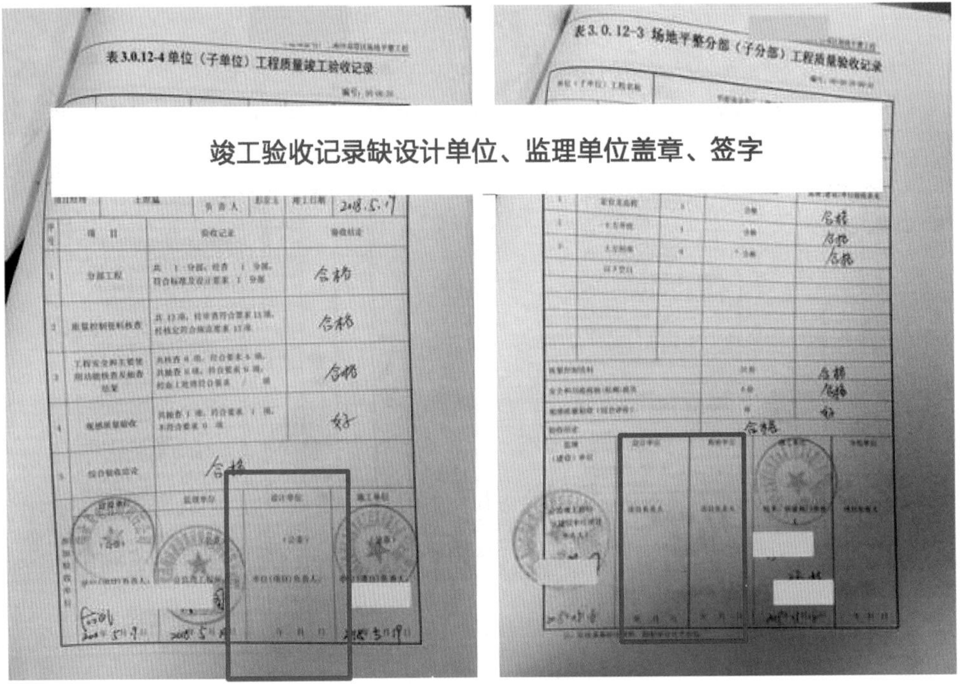

竣工验收记录缺设计单位、监理单位盖章、签字

建设工程规划许可证未见附件，内容不完整，不符合 DL/T 241—2012《火电建设项目文件收集及档案整理规范》第 6.4.1 条“项目文件应齐全、完整、准确、系统，签章手续完备；其内容真实、可靠，与工程实际相符”的规定。

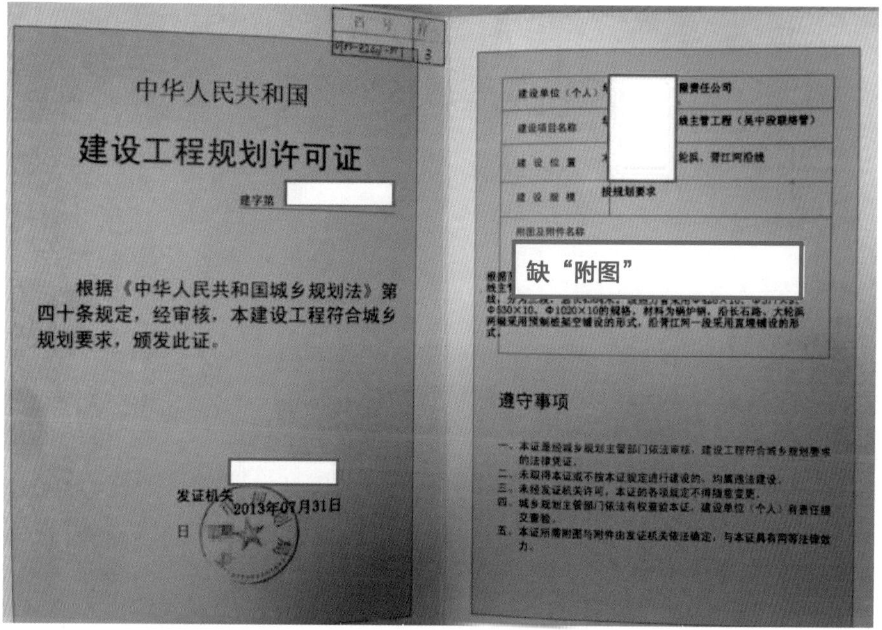

中华人民共和国

建设工程规划许可证

建字第

根据《中华人民共和国城乡规划法》第四十条规定，经审核，本建设工程符合城乡规划要求，颁发此证。

发证机关

日 2013年07月31日

建设单位（个人）	限责任公司
建设项目名称	线主管工程（吴中段联络管）
建设位置	轮浜、胥江河沿线
建设规模	按规划要求

附图及附件名称

缺“附图”

Φ530×10、Φ1020×10的规格，材料为锅炉钢，沿长石路、大轮浜两侧采用预制桩架空铺设的形式，沿胥江河一段采用直埋铺设的形式。

遵守事项

一、本证是经城乡规划主管部门依法审核，建设工程符合城乡规划要求的法律凭证。
二、未取得本证或不按本证规定进行建设的，均属违法建设。
三、未经发证机关许可，本证的各项规定不得随意变更。
四、城乡规划主管部门依法有权查验本证，建设单位（个人）有责任提交查验。
五、本证所需附图与附件由发证机关依法确定，与本证具有同等法律效力。

移交生产签证书、施工组织总设计日期签署不全，不符合 DL/T 241—2012《火电建设项目文件收集及档案整理规范》第 6.4.1 条“项目文件应齐全、完整、准确、系统，签章手续完备；其内容真实、可靠，与工程实际相符”的规定。

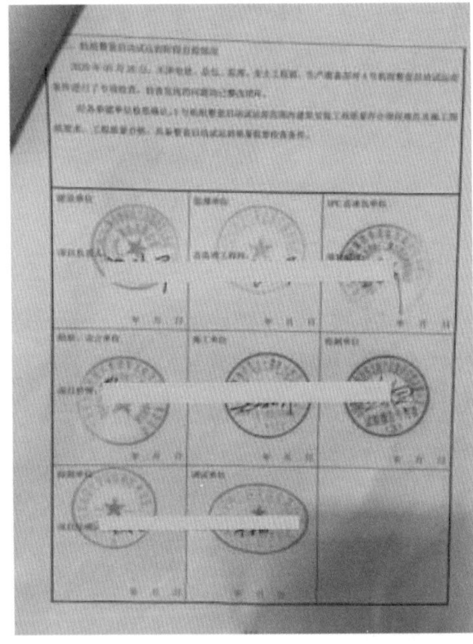

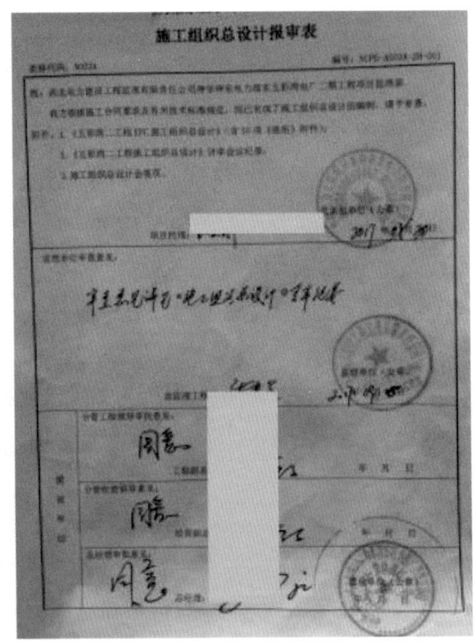

施工组织总设计报审表

工程验收记录均无监理单位签署意见，不符合 DL/T 241—2012《火电建设项目文件收集及档案整理规范》第 6.4.1 条“项目文件应齐全、完整、准确、系统，签章手续完备；其内容真实、可靠，与工程实际相符”的规定。

水泥混凝土垫层工程检验批质量验收记录

TJ 01-02-12-04-01-02-01-01/001

电土验表 5.12.7

（子单位）工程名称	T4 转运站	分部（子分部）工程	地基与基础工程（混凝土基础）
分项工程名称	垫层	验收部位	垫层
施工单位		项目经理	
		项目技术负责人	
施工执行标准名称及编号	《混凝土结构工程施工规范》GB50666-2011		
分包单位		分包项目经理	
		施工班组长	

类别	序号	检查项目	质量标准	单位	施工单位检查记录										监理单位验收记录
主控项目	1	原材料	垫层采用的粗骨料，其最大粒径不应大于垫层厚度的 2/3，含泥量不应大于 3%；砂为中粗砂，其含泥量不应大于 3%。陶粒中粒径小于 5mm 的颗粒含量应小于 10%；粉煤灰陶粒中大于 15mm 的颗粒含量不应大于 5%；陶粒中不得混夹杂物或粘土块。陶粒宜选用粉煤灰陶粒、页岩陶粒等		原材料符合要求详见：混凝土技术资料 水泥复试报告：HF2017-06-0026 粉煤灰检测报告：BFEN-1706-00098 碎石检测报告：2AB2017-0030 砂检测报告： 2AA2017-0038, SZ201706-0237										
	2	混凝土强度及试件留置	符合设计要求，陶粒混凝土的密度应在 800kg/m3~1400kg/m³ 之间		符合设计要求和现行有关标准的规定，已按标准留置试块，试块报告编号：SHKB2017-025										
	3	混凝土配合比及其开盘鉴定	施工配合比应符合现行有关标准的规定，首次使用的混凝土配合比应进行开盘鉴定		配合比编号：SHPS2017-001 符合要求										
	4	施工缝位置	应符合设计和施工方案的要求，当气温长期处于 0℃以下，设计无要求时，垫层应设置缩缝，缝的位置、嵌缝做法应与面层伸、缩缝相一致，并应符合规范《建筑地面工程施工质量验收规范》（GB50209—2010）中 3.0.16 条的规定，纵、横缩缝间距≤6m		/										/
	5	养护	按施工技术方案执行		混凝土浇注完毕后，安排专人覆盖塑料薄膜，按《T4 转运站基础施工方案》DTLZ/0101-DTEGSM/TJ-AG03/025 执行										
一般项目	1	表面平整度	≤10	mm	4	2	4	6	5	4	2	3	7	4	
	2	标高偏差	±10	mm	-2	+3	-8	+2	+4	+5	-1	+5	-2	0	
	3	坡度偏差	≤房间相应尺寸的 2‰，且≤30	mm	/	/	/	/	/	/	/	/	/	/	
	4	厚度偏差	≤设计厚度的 1/10，且≤30	mm	3	5	7	4	6	5	6	6	3	4	

施工单位检查评定结果	主控项目：检查4项，全部合格　　一般项目：3项，合格率100%以上 项目专业质量检查员：　　2017年07月26日
EPC 总承包单位检查评定结果	自评合格　　专业工程师：　　2017年07月26日
监理单位验收结论	合格　　专业监理工程师：　　2017年07月26日

施工验收记录内容填写不全，不能追溯，不符合 DL/T 241—2012《火电建设项目文件收集及档案整理规范》第 6.4.1 条“项目文件应齐全、完整、准确、系统，签章手续完备”的规定。

建筑物标高、垂直度（全高）测量记录

工程名称：　　　　编号：TJ-001　　　　电土施表 2-3

单位工程名称	3#栈桥			监理单位	工程建设监理有限责任公司
施工单位	建设集团有限公司			测量单位	建设集团有限公司
施工阶段	33.8m	结构类型	砼结构	测量日期	2018.03.10

测量示意图：

仪器信息？？

部位	允许偏差（mm）		
	标高（层高 / 全高）	垂直度（全高）	
1	+7	+9	-9
2	+4	-11	+7
3	-8	-10	+8
4	+9	+14	+11
5	-5	-11	+11
6	-6	-8	-8
A	-5	-11	+11
B	-3	-10	-8

复核意见：

复测结果与测量结果相符，同意测量结果。

专业监理工程师	项目技术负责人：	复测员：	施测员：
2018年3月10日	2018年03月10日	2018年03月10日	2018年3月10日

本表由测量单位填写，监理单位、施工单位各保存一份。

锅炉启动试运阶段检查分部工程强制性条文执行情况检查表

工程名称			
单位工程名称	锅炉本体安装	分部工程名称	锅炉启动试运阶段检查
工程编号	#4GL-01-11	验收时间	2019年08月01日
条号	检验项目	执行情况	相关资料
《电力建设施工技术规范 第2部分 锅炉机组》 DL 5190.2—2012			
3.1.5	凡《特种设备安全监察条例》涉及的设备，出厂时应附有安全技术规范要求的设计文件、产品质量合格证明、安装及使用维修说明、监督检验证明等文件。	已执行	见厂家质量合格证明及文件
3.1.7	锅炉机组在安装前应按本部分对设备进行复查，如发现制造缺陷应提交建设单位、监理单位与制造单位研究处理及签证。	已执行	见设备缺陷单
3.1.11	设备安装过程中，应及时进行检查验收；上一工序未经检查验收合格，不得进行下一工序施工。隐蔽工程隐蔽前必须经检查验收合格，并办理签证。	已执行	见相关验收资料及签证
5.1.4	合金钢材质的部件应符合设备技术文件的要求；组合安装前必须进行材质复查，并在明显部位作出标记；安装结束后应核对标识，标识不清者时应重新复查。	已执行	见光谱分析报告
5.1.6	受热面管通球试验应符合下列规定：1 受热面管在组合和安装前必须分别进行通球试验，试验应采用钢球，且必须编号和严格管理，不得将球遗留在管内；通球后应及时做好可靠的封闭措施，并做好记录。	/	/
5.2.7	不得在汽包、汽水分离器及联箱上引弧和施焊，如需施焊，必须经制造厂同意，焊接前应进行严格的焊接工艺评定试验。	已执行	现场检查
6.1.2	合金钢管子、管件、管道附件及阀门在使用前应逐件进行光谱复查，并作出材质标记。	已执行	见光谱分析报告
《电力建设施工技术规范 第5部分 管道及系统》 DL 5190.5—2012			
5.2.2	导汽管道安装时管内壁应露出金属光泽且应确认管道内部无杂物。	已执行	现场检查
5.6.15	合金钢螺栓不得用火焰加热进行热紧。	已执行	现场检查
5.7.9	在有热位移的管道上安装支吊架时，根部支吊点的偏移方向应与膨胀方向一致；偏	已执行	现场检查

监理旁站点记录内容不准确，不符合 DL/T 241—2012《火电建设项目文件收集及档案整理规范》第 6.4.1 条“项目文件应齐全、完整、准确、系统，签章手续完备;其内容真实、可靠，与工程实际相符”的规定。

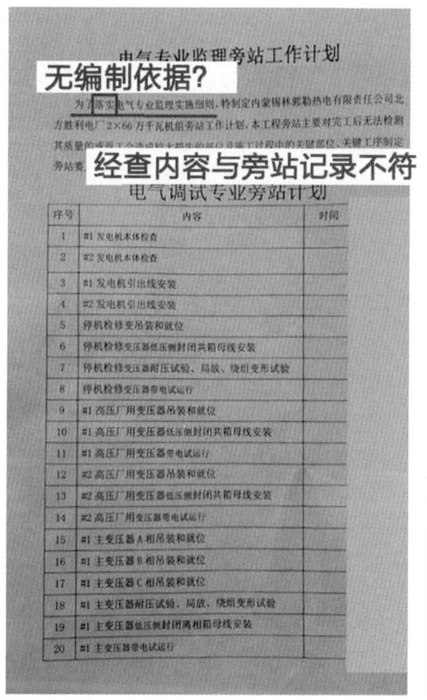

电气专业监理旁站工作计划

为了落实电气专业监理实施细则，特制定内蒙锡林郭勒热电有限责任公司北方胜利电厂 2×66 万千瓦机组旁站工作计划，本工程旁站主要对完工后无法检测其质量的或返工会造成较大损失的部位及施工过程中的关键部位、关键工序制定旁站要……

电气调试专业旁站计划

序号	内容	时间
1	#1 发电机本体检查	
2	#2 发电机本体检查	
3	#1 发电机引出线安装	
4	#2 发电机引出线安装	
5	停机检修变吊装和就位	
6	停机检修变压器低压侧封闭共箱母线安装	
7	停机检修变压器耐压试验、局放、绕组变形试验	
8	停机检修变压器带电试运行	
9	#1 高压厂用变压器吊装和就位	
10	#1 高压厂用变压器低压侧封闭共箱母线安装	
11	#1 高压厂用变压器带电试运行	
12	#2 高压厂用变压器吊装和就位	
13	#2 高压厂用变压器低压侧封闭共箱母线安装	
14	#2 高压厂用变压器带电试运行	
15	#1 主变压器 A 相吊装和就位	
16	#1 主变压器 B 相吊装和就位	
17	#1 主变压器 C 相吊装和就位	
18	#1 主变压器耐压试验、局放、绕组变形试验	
19	#1 主变压器低压侧封闭离相箱母线安装	
20	#1 主变压器带电试运行	

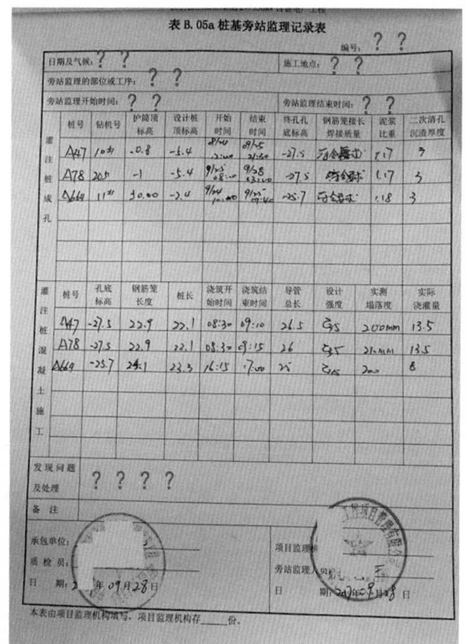

表 B. 05a 桩基旁站监理记录表

编号：

日期及气候：　　施工地点：

旁站监理的部位或工序：

旁站监理开始时间：　　旁站监理结束时间：

灌注桩成孔

桩号	钻机号	护筒顶标高	设计桩顶标高	开始时间	结束时间	终孔孔底标高	钢筋笼接长焊接质量	泥浆比重	二次清孔沉渣厚度
A47	10#	-0.8	-5.4	9/24 12:00	9/25 21:50	-27.5	符合要求	1.17	3
A78	20#	-1	-5.4	9/25 08:00	9/28 13:00	-27.5	符合要求	1.17	3
A69	11#	-0.00	-2.0	9/24 10:00	9/25 19:40	-25.7	符合要求	1.18	3

灌注桩混凝土施工

桩号	孔底标高	钢筋笼长度	桩长	浇筑开始时间	浇筑结束时间	导管总长	设计强度	实测塌落度	实际浇灌量
A47	-27.5	22.9	22.1	08:30	09:10	26.5	C35	200mm	13.5
A78	-27.5	22.9	22.1	08:30	09:15	26	C35	210mm	13.5
A69	-25.7	24.1	23.3	16:15	17:00	25	C35	200	8

发现问题及处理：

备　注：

承包单位：

质 检 员：

日　期：　年 09 月 28 日

项目监理机构：

旁站监理人员：

日　期：　年 09 月 28 日

本表由项目监理机构填写，项目监理机构存____份。

混凝土旁站记录同条件试块（7 组）数量与施工记录（4 组）不符，不符合 DL/T 241—2012《火电建设项目文件收集及档案整理规范》第 6.4.1 条“项目文件应齐全、完整、准确、系统，签章手续完备；其内容真实、可靠，与工程实际相符”的规定。

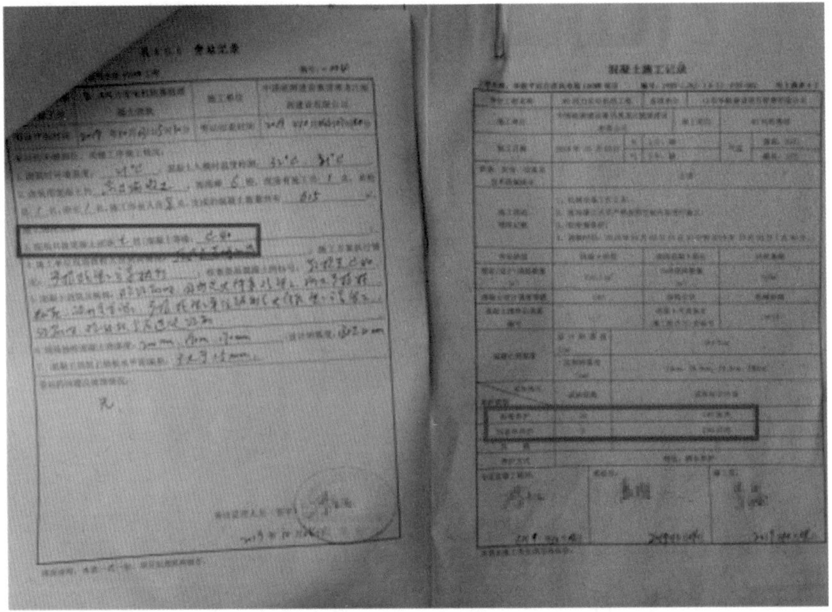

《建设工程消防验收申请受理凭证》上建设单位签收未签字，不符合 DL/T 241—2012《火电建设项目文件收集及档案整理规范》第 6.4.1 条“项目文件应齐全、完整、准确、系统，签章手续完备”的规定。

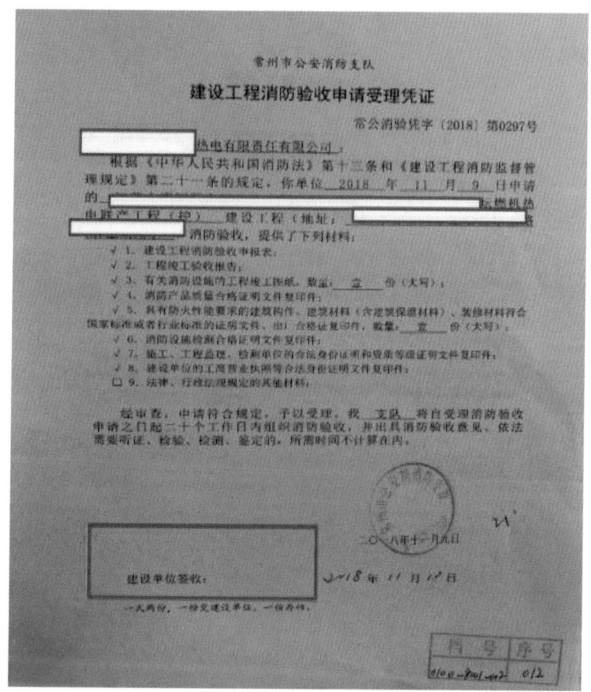

常州市公安消防支队

建设工程消防验收申请受理凭证

常公消验凭字〔2018〕第0297号

热电有限责任有限公司：

根据《中华人民共和国消防法》第十三条和《建设工程消防监督管理规定》第二十一条的规定，你单位 2018 年 11 月 9 日申请的 燃机热电联产工程（控） 建设工程（地址： ）消防验收，提供了下列材料：

√ 1. 建设工程消防验收申报表；
√ 2. 工程竣工验收报告；
√ 3. 有关消防设施的工程竣工图纸，数量： 壹 份（大写）；
√ 4. 消防产品质量合格证明文件复印件；
√ 5. 具有防火性能要求的建筑构件、建筑材料（含建筑保温材料）、装修材料符合国家标准或者行业标准的证明文件、出厂合格证复印件，数量： 壹 份（大写）；
√ 6. 消防设施检测合格证明文件复印件；
√ 7. 施工、工程监理、检测单位的合法身份证明和资质等级证明文件复印件；
√ 8. 建设单位的工商营业执照等合法身份证明文件复印件；
□ 9. 法律、行政法规规定的其他材料。

经审查，申请符合规定，予以受理。我 支队 将自受理消防验收申请之日起二十个工作日内组织消防验收，并出具消防验收意见。依法需要听证、检验、检测、鉴定的，所需时间不计算在内。

二〇一八年十一月九日

建设单位签收：

2018 年 11 月 12 日

一式两份，一份交建设单位，一份存档。

档号	序号
0100-9001-007	012

单位工程竣工文件未签写审查意见，不符合 DL/T 241—2012《火电建设项目文件收集及档案整理规范》第 6.4.1 条“项目文件应齐全、完整、准确、系统，签章手续完备”的规定。

A38 **单位工程竣工报告**

工程名称：　　联产项目　　编号：00-TJ-06-03

单位工程名称	220KV 屋外 GIS 配电装置	建设单位	有限责任公司
设计单位	中国能源建 力设计	监理单位	理有限公司
施工单位	中国能源建 力建设第	项目经理	
开工日期	2017-10-08	竣工日期	2018-09-15
技术资料完整情况	技术资料按档案管理要求整理齐全，符合归档要求。		
竣工达到标准情况	符合设计及规范要求		

项目监理机构审查意见：

项目监理机构（章）

专业监理工程师：

总监理工程师：

日　期：　15日

勘测、设计单位审查意见：

勘测、设计单位（章）

勘测、设计代表：

项目总设计师：

日　期：2018 年 09 月 15 日

建设单位审批意见：

建设单位（章）

工程设备部：

安全环保部：

基建副总：

日　期：2018 年 09 月 15 日

甲供材料（抗燃油）未报审、无跟踪管理台账，不能追溯，不符合 DL/T 1144—2012《火电工程项目质量管理规程》第 9.3.6 条“施工单位对重要原材料应进行质量追溯”的规定。

甲供材料未报审、无跟踪管理台账

原材料（构配件）见证取样单

工程名称： 编号：

产品名称	抗燃油	生产厂家	ICL-IP America INC.
试验规格	颗粒度	代表数量	250ml
取样时间	2020.07.22	取样地点	抗燃油供油装置底部取样口
使用部位（取样部位）	油动机		
检测项目（设计要求）	颗粒度		
备注			
施工单位	取样人：		2020年 7月22日
监理单位	见证人：		2020年 7月22日
建设单位物资部	见证人：		年 月 日
建设单位工程部	见证人：		2020年 7月22日

说明：本表一式叁份，由建设单位物资部、项目监理机构各一份，随样封存一份

有限公司

检测报告

【 科研化油】字（2020）第 034 号

委托单位名称：中国能源建设集团 工程有限公司

检验项目：油品分析

受委单位： 有限公司

发送日期：2020 年 04 月 14 日

进场材料生产批号、质保书、复试报告、使用部位等信息不能追溯，不符合 DL/T 1144—2012《火电工程项目质量管理规程》第 9.3.6 条“施工单位对重要原材料应进行质量追溯”的规定。

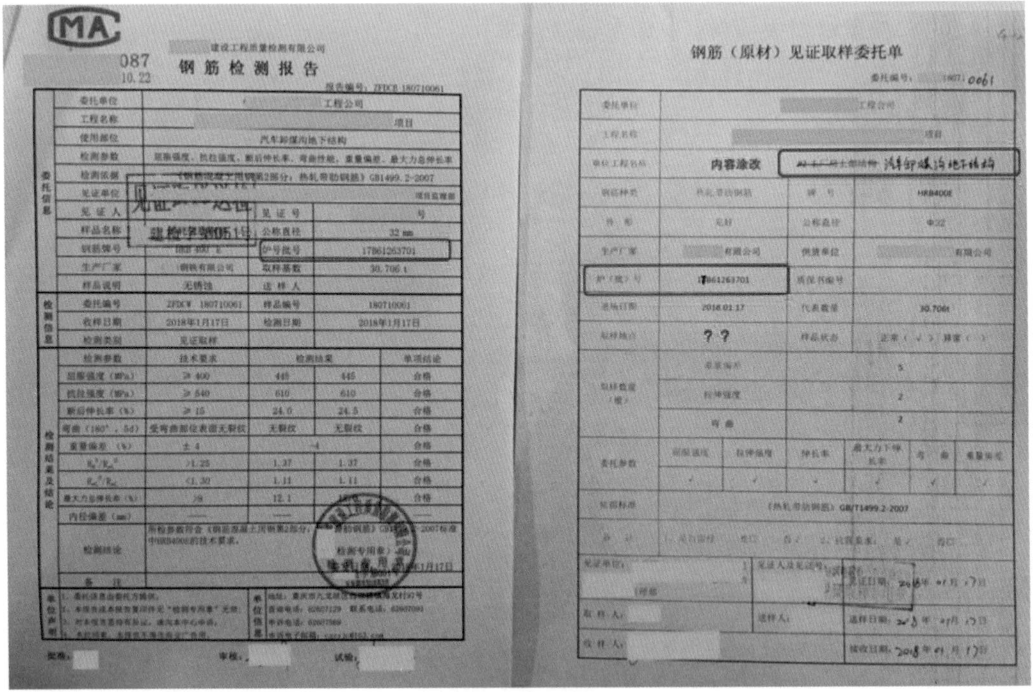

复试报告无原件，复印件未加盖公章，不符合 DL/T 241—2012《火电建设项目文件收集及档案整理规范》第 6.4.2 条“项目文件应为原件，因故无原件归档的合法性、依据性、凭证性等永久保存的文件，提供单位应在复制件上加盖公章”的规定。

CMA

)60087

2015.10.23-2021.10.22

工程质量检测有限公司

钢筋检测报告

报告编号：ZFDCB 180710019

委托信息	委托单位	公司			
	工程名称	项目			
	使用部位	#1冷却塔			
	检测参数	屈服强度、抗拉强度、断后伸长率、弯曲性能、重量偏差、最大力总伸长率			
	检测依据	《钢筋混凝土用钢第2部分：热轧带肋钢筋》GB1499.2-2007			
	见证单位	监理部			
	见证人		见证号		
	样品名称	热轧带肋钢筋	公称直径	28 mm	
	钢筋牌号	HRB 400 E	炉号批号	171081705	
	生产厂家	钢铁股份有限公司	取样基数	56.252 t	
	样品说明	无锈蚀	送样人		
检测信息	委托编号	ZFDCW 180710019	样品编号	180710019	
	收样日期	2018年1月7日	检测日期	2018年1月7日	
	检测类别	见证取样送检			
检测结果及结论	检测参数	技术要求	检测结果		单项结论
	屈服强度（MPa）	≥ 400	440	435	合格
	抗拉强度（MPa）	≥ 540	590	585	合格
	断后伸长率（%）	≥ 15	27.0	28.0	合格
	弯曲（180°，5d）	受弯曲部位表面无裂纹	无裂纹	无裂纹	合格
	重量偏差（%）	± 4	-4		合格
	R_m^0/R_{eL}^0	>1.25	1.34	1.34	合格
	R_{eL}^0/R_{eL}	<1.30	1.10	1.09	合格
	最大力总伸长率（%）	>9	12.9	12.4	合格
	内径偏差（mm）	——	——		——
	检测结论	所检参数符合《钢筋混凝土用钢第2部分：热轧带肋钢筋》GB1499.2-2007标准中HRB400E的技术要求。（检测专用章）签发日期：2018年1月7日			
	备注				
单位声明	1、委托信息由委托方提供；2、本报告或本报告复印件无“检测专用章”无效；3、对本报告若持有异议，请向本中心申诉；4、未经同意，本报告不得作商业广告用。		单位信息	地址： 查询电话：　联系电话： 申诉电话： 申诉电子邮箱：.com	

批准：　　审核：　　试验：

案卷脊背的案卷题名未打印齐全，粘贴不牢固，脊背纸尺寸小于档案盒厚度，不符合 GB/T 11822—2008《科学技术档案案卷构成的一般要求》第 6.3.1 条“案卷脊背印制在卷盒侧面，脊背式样见图 A.2”的规定。

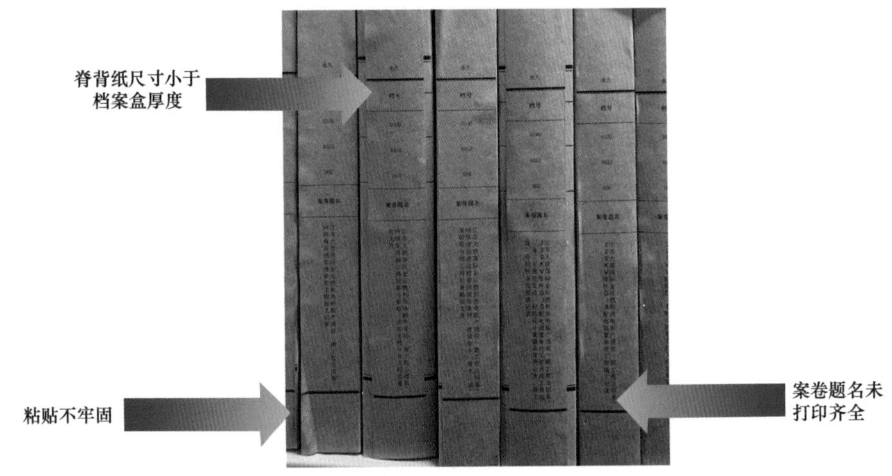

部分卷内备考表未填写互见号，不符合 DL/T 241—2012《火电建设项目文件收集及档案整理规范》第 8.5.4.2 条“互见号，应填写反映同一内容而载体不同且另行保管的档案档号，同时应注明其载体形式”的规定。

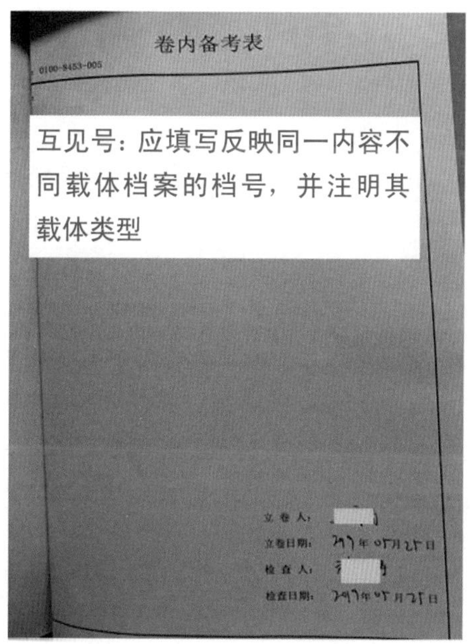

案卷题名不规范，无法揭示卷内主体施工工程进度计划报审、年度工程进度、设备需求计划报审等文件内容，不符合 DL/T 241—2012《火电建设项目文件收集及档案整理规范》第 8.5.3.2 条“1）案卷题名，应简明、准确地揭示卷内文件的内容”的规定。

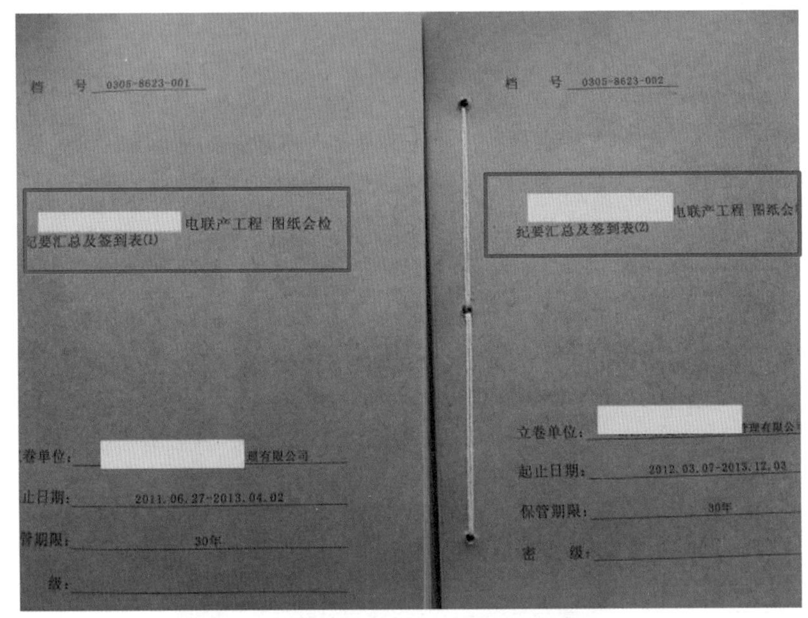

案卷封面与卷内内容不符，不符合 DL/T 241—2012《火电建设项目文件收集及档案整理规范》第 8.5.3.2 条“案卷题名，应简明、准确地揭示卷内文件的内容”的规定。

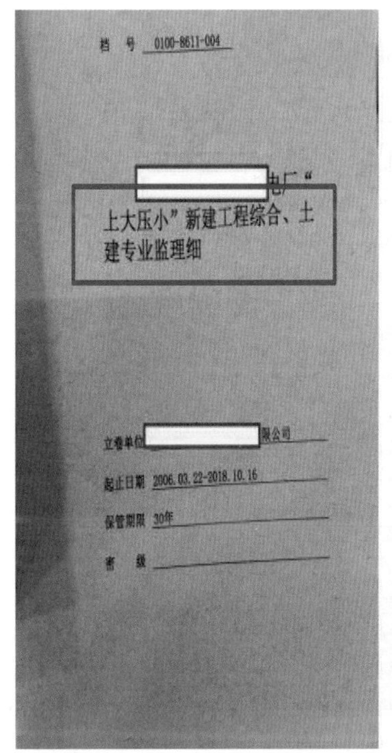

档　号　0100-8611-004

电厂“上大压小”新建工程综合、土建专业监理细

立卷单位　限公司

起止日期　2006.03.22-2018.10.16

保管期限　30年

密　级

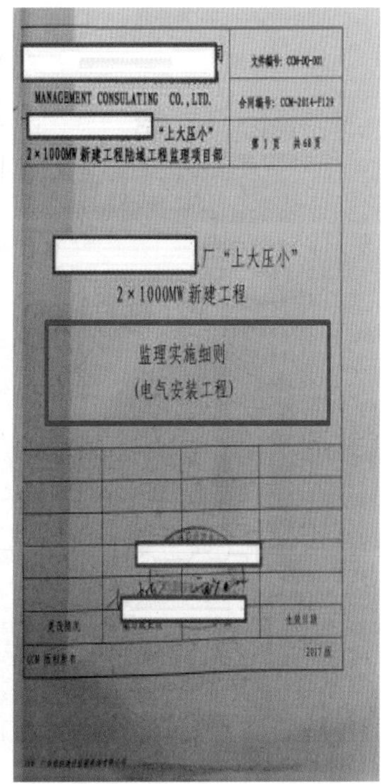

MANAGEMENT CONSULATING CO.,LTD.

“上大压小”2×1000MW新建工程陆域工程监理项目部

文件编号：CCM-DQ-001

第1页　共68页

厂“上大压小”

2×1000MW新建工程

监理实施细则

（电气安装工程）

2017版

卷内文件未按施工工序进行排列，不符合 DL/T 241—2012《火电建设项目文件收集及档案整理规范》第 8.4.3.2 条“施工记录，应按施工工序（程序）排列”的规定。

卷 内 目 录

档号:0204-8411-011

文件编号	责任者	文件题名	日期	页号	备注
#4-TJ-0101-00-08	中国能建广东火电工程有限公司	验收申请表（4号机组主厂房工程建筑设备安装分部工程）	20151229	1	
#4-TJ-0101-00-08-01-04	中国能建广东火电工程有限公司	验收申请表（4号机组主厂房工程通风机安装分项工程及检验批）	20150909	6	
#4-TJ-0101-00-08-03-01	中国能建广东火电工程有限公司	验收申请表（4号机组主厂房工程风管与配件制作分项工程及检验批）	20150909	10	
#4-TJ-0101-00-08-03-03	中国能建广东火电工程有限公司	验收申请表（4号机组主厂房工程风管系统安装分项工程及检验批）	20150920	16	
#4-TJ-0101-00-08-03-05	中国能建广东火电工程有限公司	验收申请表（4号机组主厂房工程通风与空调设备安装分项工程及检验批）	20150920	22	
#4-TJ-0101-00-08-03-07	中国能建广东火电工程有限公司	验收申请表（4号机组主厂房工程工程系统调试分项工程及检验批）	20151210	27	
#4-TJ-0101-00-08-04-01	中国能建广东火电工程有限公司	验收申请表（4号机组主厂房工程风管与配件制作分项工程及检验批）	20151210	33	
#4-TJ-0101-00-08-04-03	中国能建广东火电工程有限公司	验收申请表（4号机组主厂房工程风管系统安装分项工程及检验批）	20151210	39	
#4-TJ-0101-00-08-04-05	中国能建广东火电工程有限公司	验收申请表（4号机组主厂房工程通风与空调设备安装分项工程及检验批）	20151210	45	
#4-TJ-0101-00-08-04-07	中国能建广东火电工程有限公司	验收申请表（4号机组主厂房工程工程系统调试分项工程及检验批）	20151210	50	
#4-TJ-0101-00-09	中国能建广东火电工程有限公司	验收申请表（4号机组主厂房工程屋面分部工程）	20150723	56	
#4-TJ-0101-00-09-00-01	中国能建广东火电工程有限公司	验收申请表（4号机组主厂房工程屋面找平层分项工程及检验批）	20150705	61	
#4-TJ-0101-00-09-00-02	中国能建广东火电工程有限公司	验收申请表（4号机组主厂房工程屋面保温层分项工程及检验批）	20150705	67	
#4-TJ-0101-00-09-00-03	中国能建广东火电工程有限公司	验收申请表（4号机组主厂房工程屋面卷材防水层分项工程、检验批及隐蔽）	20150705	76	
#4-TJ-0101-00-09-00-04	中国能建广东火电工程有限公司	验收申请表（4号机组主厂房工程屋面涂膜防水层分项工程及检验批）	20150705	89	

设计变更通知单，施工单位已执行，竣工图卷册编制说明表中未描述，不符合 DL/T 241—2012《火电建设项目文件收集及档案整理规范》第 7.2.1 条“竣工图应齐全、完整、修改到位，签章手续完备，并应与项目竣工验收时实际情况相符”的规定。

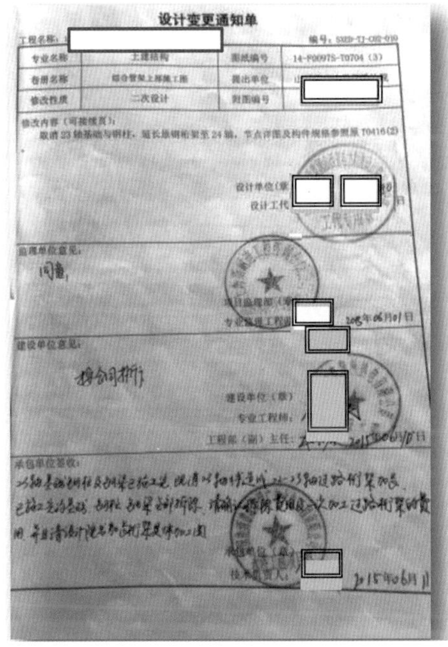

设计变更通知单

工程名称：　　　　编号：SXD-TJ-CHG-019

专业名称	土建结构	图纸编号	14-F0097S-T0704（3）
卷册名称	综合管架上部施工图	提出单位	[illegible]
修改性质	二次设计	附图编号	

修改内容（可接续页）：

取消23轴基础与钢柱，延长[illegible]至24轴，节点详图及构件规格参照原T0416(2)

设计单位（章）

设计工代

监理单位意见：

同意

项目监理部（章）

专业监理工程师　2015年06月01日

建设单位意见：

建设单位（章）

专业工程师

工程部（副）主任　2015年06月

承包单位签收：

承包单位（章）

技术负责人　2015年06月

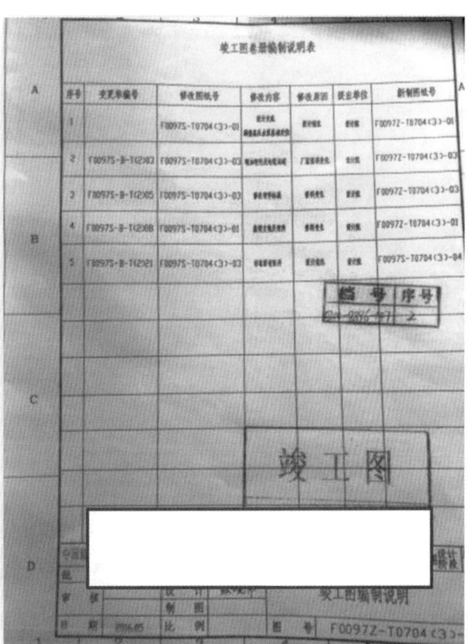

竣工图卷册编制说明表

序号	变更单编号	修改图纸号	修改内容	修改原因	提出单位	新制图纸号
1		F0097S-T0704(3)-01	[illegible]	[illegible]	[illegible]	F0097Z-T0704(3)-01
2	F0097S-B-T(2)03	F0097S-T0704(3)-03	[illegible]	[illegible]	[illegible]	F0097Z-T0704(3)-03
3	F0097S-B-T(2)05	F0097S-T0704(3)-03	[illegible]	[illegible]	[illegible]	F0097Z-T0704(3)-03
4	F0097S-B-T(2)08	F0097S-T0704(3)-01	[illegible]	[illegible]	[illegible]	F0097Z-T0704(3)-01
5	F0097S-B-T(2)21	F0097S-T0704(3)-03	[illegible]	[illegible]	[illegible]	F0097S-T0704(3)-04

档号　序号

竣工图

竣工图编制说明

图号　F0097Z-T0704(3)-

工程联系单中设备变更，未见执行反馈单，其竣工图卷册编制说明表中未描述，不符合 DL/T 241—2012《火电建设项目文件收集及档案整理规范》第 7.1.2 条“需整改闭环或回复的项目文件，执行单位应在完工后按质量管理要求编制相对应的闭环文件”和第 7.2.1 条“竣工图应齐全、完整、修改到位，签章手续完备，并应与项目竣工验收时实际情况相符”的规定。

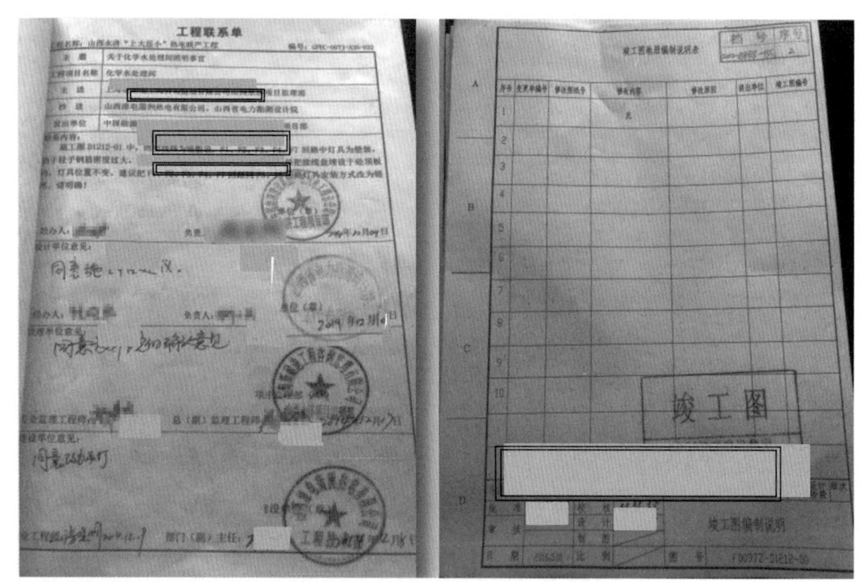
工程联系单

竣工图卷册编制说明表

竣工图

竣工图编制说明

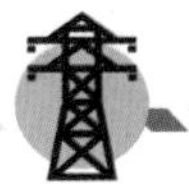

用复写纸材料归档，不符合 GB/T 50328—2014《建设工程文件归档规范》第 4.2.4 条“工程文件应采用碳素墨水、蓝黑墨水等耐久性强的书写材料，不得使用红色墨水、纯蓝墨水、圆珠笔、复写纸、铅笔等易褪色的书写材料”的规定。

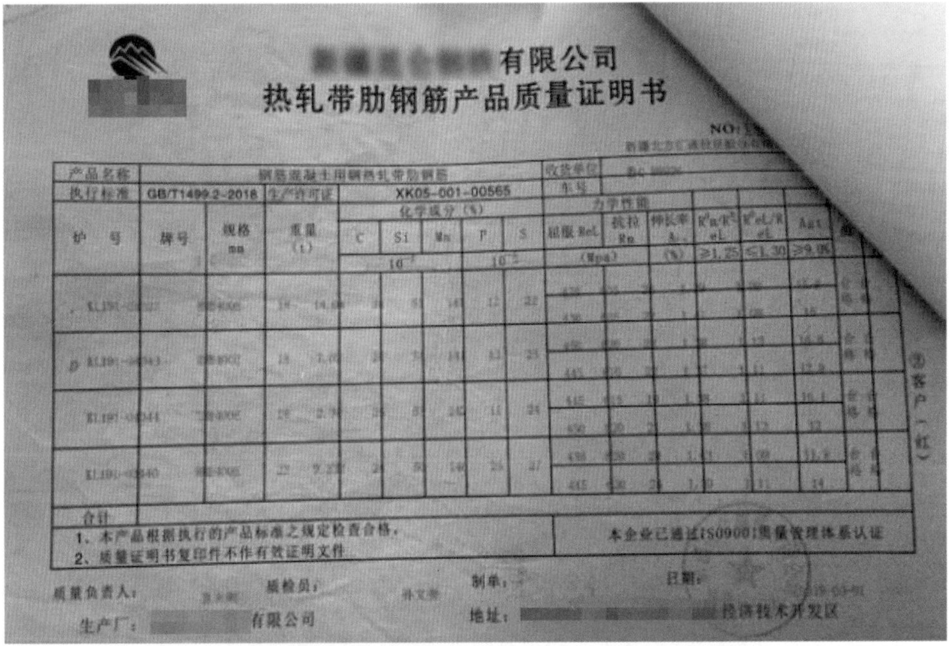
有限公司
热轧带肋钢筋产品质量证明书

产品名称	钢筋混凝土用钢热轧带肋钢筋		收货单位	
执行标准	GB/T1499.2-2018	生产许可证	XK05-001-00565	车号

炉号 | 牌号 | 规格 mm | 重量 (t) | 化学成分（%）C Si Mn P S | 力学性能 屈服 ReL 抗拉 Rm (Mpa) 伸长率 A (%) R°m/R°eL ≥1.25 R°eL/ReL ≤1.30 Agt ≥9.0%

合计

1、本产品根据执行的产品标准之规定检查合格。
2、质量证明书复印件不作有效证明文件。
本企业已通过ISO9001质量管理体系认证

质量负责人： 质检员： 制单： 日期：
生产厂： 有限公司 地址： 经济技术开发区

③客户（红）

卷内文件档号使用铅笔填写，用笔不规范，且未编写页码，不符合 GB/T 50328—2014《建设工程文件归档规范》第 4.2.4 条“工程文件应采用碳素墨水、蓝黑墨水等耐久性强的书写材料，不得使用红色墨水、纯蓝墨水、圆珠笔、复写纸、铅笔等易褪色的书写材料”的规定。

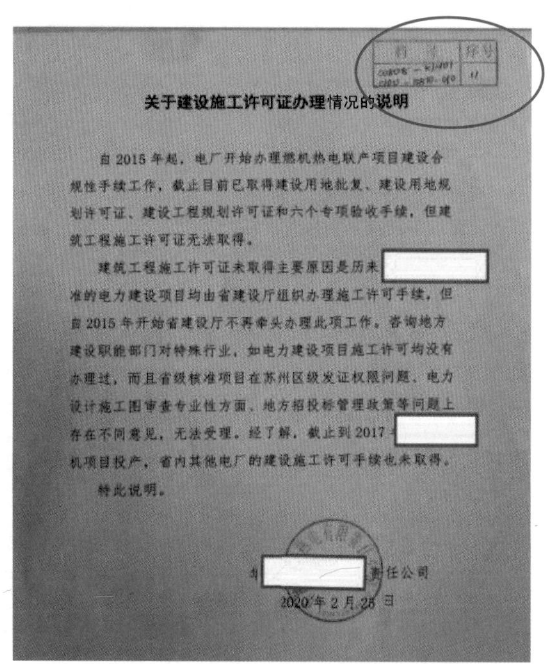

档号	序号

关于建设施工许可证办理情况的说明

自 2015 年起，电厂开始办理燃机热电联产项目建设合规性手续工作，截止目前已取得建设用地批复、建设用地规划许可证、建设工程规划许可证和六个专项验收手续，但建筑工程施工许可证无法取得。

建筑工程施工许可证未取得主要原因是历来　　准的电力建设项目均由省建设厅组织办理施工许可手续，但自 2015 年开始省建设厅不再牵头办理此项工作。咨询地方建设职能部门对特殊行业，如电力建设项目施工许可均没有办理过，而且省级核准项目在苏州区级发证权限问题、电力设计施工图审查专业性方面、地方招投标管理政策等问题上存在不同意见，无法受理。经了解，截止到 2017　　机项目投产，省内其他电厂的建设施工许可手续也未取得。

特此说明。

责任公司

2020 年 2 月 25 日